U0030524

兒科專業醫師
陪寶寶健康長大！

紀孝儒、張洋銜、鄭芳渝、鄭彥辰——著

0~1歲 嬰幼兒 照護全寶典

從觀察、預防、照護到治療
通通有解的育兒完全祕笈

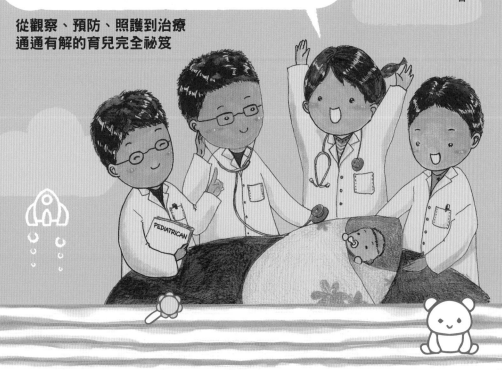

媽咪爸比速查區

寶寶最常出現的 10 大問題

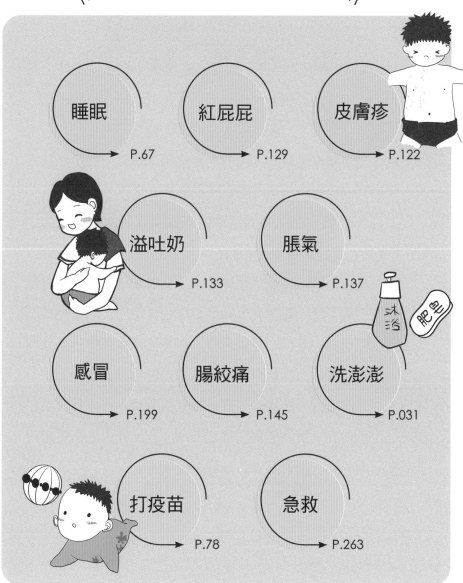

睡眠　→ P.67

紅屁屁　→ P.129

皮膚疹　→ P.122

溢吐奶　→ P.133

脹氣　→ P.137

感冒　→ P.199

腸絞痛　→ P.145

洗澎澎　→ P.031

打疫苗　→ P.78

急救　→ P.263

推薦文

　　2023 年即將進入尾聲，世界瞬息萬變，戰爭、疫情、氣候變遷、生態浩劫，讓全世界的爸爸媽媽們都更為心驚肉跳。沒有人曉得世界的下一步將會往哪個方向變化，雖然如此，大家還是在這樣艱難的時刻，勇敢地迎接了下一代，和脆弱嬌嫩新生寶寶共同面對這混亂、難以確定的外在世界。

　　正是在這樣的時刻，《兒科專業醫師陪寶寶健康長大！0～1歲嬰幼兒照護全寶典》才顯得彌足珍貴，來得正是時候。

　　《兒科專業醫師陪寶寶健康長大！0～1歲嬰幼兒照護全寶典》是由鄭芳渝、紀孝儒、鄭彥辰、張洋銜四位兒科醫師，經過數年的討論、整理、組織、去蕪存菁後淬鍊而成的。他們多年來一直保持初心，對兒童醫學充滿熱誠與抱負，更對孩子滿懷真心和疼惜。由這樣四位專業的兒科醫師共同撰寫的兒科寶典，不僅內容涵蓋範圍廣，且在海納多方建議後，相關資訊得以走到最前線、最完整、也最使人信服。

由於少子化嚴重，兒科常常被說是夕陽產業。實際上，以夕陽產業來描述兒科是一種冷冰冰的產業視角。但是，在《兒科專業醫師陪寶寶健康長大！0～1歲嬰幼兒照護全寶典》中，四位醫師從來沒有用這樣的視角來詮釋兒科，相反地，他們從爸爸媽媽的視角來看，兒科不但不是夕陽產業，更可以說是日出產業，因為它是一門最重要的醫療專業，保護、守護著孩子們。孩子們像剛剛升起的太陽，而我們大家一起用愛凝視著日出，期盼豔陽高照，日正當中。

　　有《兒科專業醫師陪寶寶健康長大！0～1歲嬰幼兒照護全寶典》這樣一本專業、全面、可以信賴的育兒書出版，我深深相信，是我們臺灣的珍貴福氣。孩子健康，看到希望！

吳美環 醫師
臺大醫學院兒科特聘教授
臺灣兒童健康基金會董事長
前臺大醫院兒童醫院院長（2014-2020）

孩子是我們最好的傳家寶

紀孝儒 醫師

　　在少子化的臺灣社會，每一位小嬰兒都是在父母及爺爺奶奶長輩的期許下誕生到這世界上。過去的臺灣是大家庭，也因為傳統社會的連結與互助，發展出了許多照顧小孩上的常用知識及鄉野傳聞。但，在科學化的今天，這些傳統觀念也許不盡實用，甚至有錯誤的成分在。這些問題，甚至這些傳聞，都是在兒科診間每天都會被家長問到的，也是家長或媒體們好奇的問題。而這本實用的育兒手冊，就是希望能夠透過一些簡單的案例及說明，讓家長們瞭解照顧嬰兒上有哪些該注意的地方，以及不可忽略之處。

　　另外，在照顧嬰幼兒上，除了長輩流傳下來的觀念外，更多的是醫學進展下的日新月異，包含益生菌、奶粉選擇、母嬰問題、疫苗問題、自費健檢及新生兒篩檢及很多很多的兒科疾

病，這些問題碰到的場合可能是在婦產科或小兒科門診，月子中心，或是某個家庭場合某位親戚關懷的一句話，但總是讓許多新手爸媽們慌了手腳。除了詢問信任的醫師外，許多父母更當起了「Google Doctor」。但是，網路上的資訊五花八門，一則不同語言，二則也不一定符合臺灣的醫療現況，最甚者許多資訊都夾雜許多不必要的置入性行銷。身為兒科醫師的我們，覺得有義務來教導父母們常用，實用且正確的醫療知識。面對剛出生的小嬰兒，不會再手足無措。

我是小兒專科及神經科專科醫師，希望能透過有趣的案例分享及圖表化的內容，跟大家循序漸進說明嬰幼兒常見問題及疾病。由淺入深，年紀由小到大，化繁為簡，帶領新手父母們，甚至資深爺爺奶奶們照顧家中剛出生的新成員。綜觀訪間的育兒書籍，我們希望這是一本深入淺出，好閱讀，看了會心情好且收穫滿滿的育兒大全。遇到有問題時，這更是一本實用的參考書籍，也適合相關科系的實習生們使用。

寫書之時，臺灣正好歷經新冠肺炎 Omicron 病毒的威脅，臺灣的醫護人員面臨著與以往更加不同的挑戰與衝擊。而這些問題，對於懷孕的媽咪，及有小嬰兒的父母而言更是另一種挑戰。臺灣的社會歷經以前的工農保，到現今的全民健保，父母能夠用方便有效率的方式尋求適當的醫療協助。但在疫情之下，看醫生有時候就會出現層層關卡。我們希望這本書的出

現，提供父母們正確的病毒知識及急病重症處理方式，讓家長們在緊繃的情緒中找到救急之道。像是一位隨時在線上的家庭兒科醫師，守護小朋友的成長。

　　身為兒科專科醫師的我們，實習時更是希望能夠寫出一本符合當前兒童及父母可能遇到的問題與經驗分享。在少子化的當下，我很高興能夠為了兒童醫學的進步盡一份力。也希望，「孩子，是我們最好的傳家寶」不再只是口號，更是最最珍貴的臺灣資產。

用心體會每個孩子
獨一無二的需求

張洋銜 醫師

常有人說有了小孩是甜蜜的負擔，出生率目前為全球倒數第一的臺灣，每個孩子無非是家長以及照顧者們的心肝寶貝，所有父母和照顧者都希望孩子平安長大，而要讓孩子平安長大，除了父母親以及照顧者盡心盡力以外，正確的育兒知識也是很重要的一環。有句俗話說：「老大照書養，老二照豬養。」因此，有本內容正確的育兒工具書就很重要了！不過家長們往往會帶入自身的經驗，或是其他長輩給予的傳統觀念來照顧孩子，除此之外現代社會網路使用便捷，家長以及照顧者們常藉由網路資訊來照顧孩子，這些內容其實不完全都是正確的，加上孩子往往無法清楚表達自身的狀況，尤其 0 ～ 1 歲的孩子，常常只能透過外顯表現或是量化的數據比，如奶量等等才能得知孩子有無什麼問題，孩子出現的問題也因此時常沒有得到最

適當的處理，甚至發生了憾事而後悔一輩子，相信所有家長以及照顧者們也不希望發生這樣的事情。

臺灣的醫療發展在世界中是名列前茅，在兒童醫療照顧上也是不亞於其他國家，不過不少人認為孩子就是小大人，甚至戲稱：「此事對我來說是小兒科」，雖然玩笑話的成分居多，不過這句話是極為不尊重兒童醫療，相信聽在許多孩子的照顧者和家長們的耳中，也會感到不以為意，因為照顧孩子並不是簡單的事，孩子的生長、發展、疫苗施打、疾病照護等，每個項目在兒科教科書裡都是很大篇章，如何將這些知識言簡意賅地分享給家長以及照顧者們，對所有兒科的醫療照顧者們是必須學習的。

我在行醫的路上，一直都很喜歡與孩子相處，也因為這個原因，選擇了不簡單的兒科醫學，從醫院訓練走到基層行醫，每天遇到的場景以及問題非常多樣，從頭到腳指頭、皮膚到身體內各器官、營養到益生菌、常規疫苗到自費疫苗施打等，雖然忙碌也充實，不過在診間往往沒能有足夠的時間把想要跟家長以及照顧者們分享的衛教訊息清楚告知，也因此希望能在除了診間以外，有能分享正確且適當的衛教內容給許多人，因緣際會下與其他作者，也是兒科訓練的夥伴們一同撰寫這本書，除了分享我們所學以及臨床遇到的案例以外，也希望能讓閱讀這本書的讀者，都能汲取到我們分享的孩子照護知識。

我想無論是醫療工作者、照顧者等都不能忘記，要用心去體會和了解孩子的需求以及面臨的問題，多花點時間、多點耐心，提醒讀者也提醒我自己，每個孩子遇到的同樣的問題或狀況，不一定都能用標準答案或標準處理方式來解決，因為每個孩子是獨立的個體，都是獨一無二的。

每一個寶貝都是充滿希望的未來

鄭芳渝 醫師

當初選擇當兒科醫生，單純是因為喜歡小朋友跟小朋友相處，但在當兒科醫生的這幾年間，我深刻的感受到被小朋友療癒的各種時刻。嬰兒成長的速度快，每次回診的時候看寶寶的生長曲線是我最開心的事情，看著孩子們快樂地長大發展，從抬頭、翻身、坐直、爬行、到走路，會開始說話，可愛的寶寶帶給我歡笑的時間數也數不清。

在臺灣，老一輩的醫生最喜歡說兒科是夕陽產業，由於少子化的關係，兒科的門診人數一年不如一年，並且由於各種預防針的發明，兒童的傳染病也是大幅減少，但在我看來，人數雖然減少，但每一個孩子越發成為父母的心肝寶貝，也更顯得兒科醫師的重要程度。

在看兒童的病人的時候，我們往往不會第一步就直接判斷

疾病，而是從各種小朋友的表現、發展、病癥、跟疾病造成的影響，來決定我們的處置；同一隻病毒的呼吸道感染，可以是小感冒症狀，也可以是哮吼，也可以是急性細支氣管炎，也可以併發細菌的感染，處理千變萬化。而不會表達的小寶寶，更是需要更仔細的檢查，及經驗的累積，才能更不容易錯失治療疾病的機會。

在兒科間有流傳著一句話，兒童不是縮小版的成人，各種兒科的疾病、用藥常識、手術方針都跟大人的相去甚異，即便是這一般的感冒或是腸胃炎，藥物使用的想法都跟大人大不相同。我們曾經在診間，看過不只一位兒童，在一般的感冒或腸胃炎之後，使用了大人的藥物，而併發了更嚴重的副作用。也因此，我們希望這本書可以幫各位家長帶來一些真正屬於兒科的觀念。

在撰寫這本書的時候，臺灣正處在新型冠狀病毒的威脅之下，帶寶寶就醫變得更辛苦，我也常在自己的網站裡看到各種緊張的家長會詢問，如果小孩生病了怎麼辦，或是什麼情況要就醫。長期以來，臺灣的就醫資源都很豐沛，也因此當就醫變得不方便的時候，照顧者就更緊張了。也因此，我們一邊調整書的內容，一邊希望我們的書可以達到最為完整仔細的育兒教材。這本書內容非常豐富，不只有照顧者應該注意的，寶寶正常的成長、發展、和各時期的營養需求，還有疾病的觀察、照

護、和注意事項，甚至我們把生長曲線的測量、寶寶手冊的使用、一些可能會使用到的器具、藥品都寫進去，更貼近臺灣本土寶寶的需求。

　　我希望這本書不只可以成為一本育兒手冊，更希望可以成為一本工具書，一本在家長不知道如何是好的時候可以隨時翻閱的工具書，這樣的話，就好像隨時有一個很棒的家庭兒科醫師團隊，陪伴著心肝寶貝長大。

　　兒科不是夕陽產業，從來都不是，剛誕生的寶寶就像日出一樣，美好的一天正要開始，讓我們一起加油吧。

讓我們陪伴周歲前的寶寶成長，父母更安心

鄭彥辰　醫師

當爸爸媽媽開始翻閱這本書，代表我們這段時間的努力也終獲得成果。

寶寶從一個新生兒，到長成一個能自由行動、聽得懂爸爸媽媽呼喚的孩子，在這之間爸爸媽媽需要花費大量的時間與精力解決各種可能遇到的困難；然而雖然辛苦，陪伴孩子成長所帶來的種種快樂，會成為生命中珍貴的心靈資產。當初我會選擇成為一位新生兒科醫師，也是因為喜歡和孩子們一起成長。對我而言，新生兒科最特別的，在於我們是照護孩子們一段最初的時期，也相當於是個「陪伴」的過程；看著照顧過的「小小」（我們對於出生體重小於 1000 克早產兒的暱稱）、或出生時有重大疾病的孩子們健康地回到診間，和曾照顧過他們的醫師及護理師們打招呼、玩樂，這樣的成就感與喜悅是無法言喻的。

在寫書的當下，是臺灣走向與新冠病毒共存的時刻；此次疫情不僅對大家的生活造成許多衝擊，也大大改變了臺灣的兒童醫療。在疫情仍在的這段時期，由於人們對防疫衛生觀念提升，使得原本常見的兒童感染症，如流感、腸病毒等大幅減少；除此之外，爸爸媽媽會盡量避免將孩童帶至醫院或診所以避免群聚，兒科的就診率也下降了許多。而健兒門診是這段時間中，還維持一定來診量的兒科門診，其中的原因在於它不只能讓我們定時檢視孩童生長與發育的情形、施打疫苗提供孩童對疾病的保護力，也是讓爸爸媽媽們詢問醫師關於照顧孩子的相關問題的重要管道。因此，對兒科醫師來說，這是最重要、千萬不能受疫情影響的門診。

然而，在這個資訊易取得的時代，把孩子帶至診間讓醫師評估前，其實家長們已將自己的問題在網路上搜尋再搜尋，將資訊匯集統整之後得到許許多多的想法，才來與我們討論，這是我們十分樂見的事情；但其中的問題是，網路上的資料來源不一定有醫學根據當做後盾，對於同一問題有各種截然不同的答案導致家屬們的困惑，也是常見的情形。由於門診時間的限制，我常常無法讓來診的爸爸媽媽「問到飽」，總是感到十分抱歉；也是因為如此，寫一本包含大部份門診常見問題的書，慢慢地也成為了我的心願之一。

這本書是我與幾位在臺大住院醫師時期即認識的好友共同

撰寫，針對周歲前的嬰兒設計，將寶寶出生後各種常見的問題有系統且有根據的整理，可供爸爸媽媽快速查閱，省去搜尋醫學文獻以及判斷網路留言的時間，其中有些章節對年齡較大的孩子也適用。希望這本書能使爸爸媽媽照顧孩子時更加安心，而我也能藉由這本書陪伴更多的孩子一同成長。

目錄

CHAPTER 1

寶寶來了好緊張，寶寶正常生長大全科

CHAPTER

2 優游寶寶世界，
新生兒常見問題大集錦

CHAPTER

3

寶寶生病了怎麼辦？
常見疾病不用怕！

CHAPTER

4 不怕一萬只怕萬一，各種意外急救一次看懂！

CHAPTER

照護寶寶也有小撇步？
破解常見迷思

CHAPTER

1

寶寶來了好緊張，
寶寶正常生長
大全科

每當家中多了一個新生兒，不論是直接帶回家裡，還是從月子中心回來，都是最手忙腳亂的時刻。但是看到寶寶可愛的模樣，又忍不住心中滿滿的溫暖喜悅。這一章節會帶領大家進入寶寶的世界，從整理寶寶的環境、嬰兒床包巾的選擇、幫寶寶沐浴，到餵奶會遇到的各種狀況、母奶配方奶的存放、寶寶的睡眠、各種生長、發展、疫苗、以及視力聽力各方面，給寶寶最全面的照護。

寶寶來了，來 set 寶寶溫暖的家吧

可愛的寶寶來到世界上，終於回到家裡了，這時候我們就可以來調整寶寶的家啦，為寶寶製造一個安全又舒適的環境。

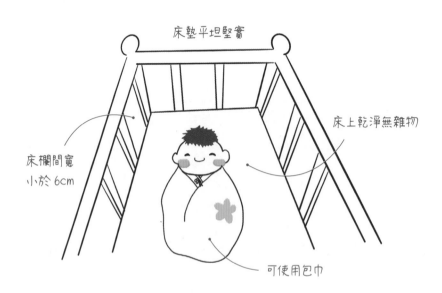

床墊平坦堅實

床上乾淨無雜物

床欄間寬
小於 6cm

可使用包巾

✦ 嬰兒床的選擇

寶寶到家裡後，第一個屬於寶寶自己的家就是嬰兒床了，所以嬰兒床的選擇上就非常的重要，通常為了避免意外，我們會建議床的欄杆要間隔 6 公分以下，才不容易造成卡死或是意外喔，另外如果有活動式的側欄跟底盤的嬰兒床，也請定期檢查螺絲有沒有鎖緊，才不會有卡住或墜落的風險，我們一起給寶寶一個溫暖又安心的家。

✦ 怎麼安排嬰兒床的位置呢？

嬰兒床建議放在「家中最安全的位置」，附近不要有可能跌落的物品、窗簾繩、或是插座、電線等，另外光線上，明亮但不直接曝曬陽光的地方最好，比較不會造成幼嫩的皮膚曬傷。

在 6 個月以前，我們都建議寶寶跟父母「同房不同床」，既可以隨時檢查寶寶的狀態，也比較不容易有新生兒猝死的風險，如果是多胞胎的寶寶，也建議每個寶寶都有自己的床喔。

✦ 寶寶環境調整

寶寶比大人更容易受到溫度濕度上的刺激，如果有異位性皮膚炎體質的寶寶更是如此，盡量讓家裡通風良好，夏天如果過度炎熱可以使用空調，但不建議直接對著臉吹，容易把塵埃或是過敏原直接吹入鼻腔造成過敏。

另外，吸二手菸也可能增加寶寶的意外，我們都建議家長戒菸，若真的難以避免，至少嬰兒床的位置不要置放於下風處或是容易聞到的地方，抽菸者務必清洗乾淨更換衣服才能接觸寶寶。

✦ 寶寶的床墊怎麼選擇呢？

床墊是寶寶接觸時間最久的地方，建議選擇「全新」的以減少前人使用後細菌感染的風險。

由於寶寶的脊椎尚未發育完成，好的嬰兒床墊最好是平坦堅實，並具有足夠的支撐力，彈簧床、記憶海綿床墊並不適合，另外，臺灣夏天比較炎熱潮濕，床墊的選擇必須透氣且好清潔，為了避免滋生黴菌或塵蟎，建議每 1～2 個禮拜都做一次清潔喔！

另外，寶寶的床墊上，建議不要擺放玩偶、鬆軟棉被、毛毯、玩具或是過多雜物，可能都有造成意外的情形。

✦ 寶寶的床需要床圍嗎？

美國兒科醫學會（AAP）目前已經公開聲明，父母應謹慎考慮床圍使用的需求，因床圍鬆脫後會造成寶寶窒息的風險增加，如果真的要使用床圍，一定要定期檢視綁帶是否牢固，另外，已經會翻身爬行或站立的寶寶，自己解開床圍的風險也增加。

✦ 寶寶需要枕頭嗎？

寶寶的比例上來說，頭部略大於軀幹，如果再加上枕頭，容易壓迫到呼吸道，因此 1 歲以下的寶寶是不需要枕頭的喔！

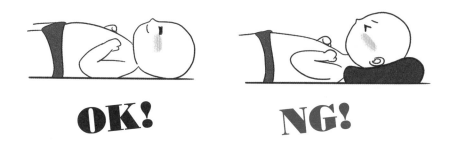

✦ 寶寶怎麼睡最好呢？

1 歲以下的寶寶，都會建議「仰睡」。相較於仰睡，趴睡或側睡都有增加寶寶猝死的風險。

✦ 包巾怎麼選擇？

好的包巾應該有透氣、保暖、讓寶寶有安全感的功能，新生寶寶的體溫控制尚不穩定，汗腺也尚未發達，過薄過厚的材質都會讓寶寶容易滋生皮疹，比較容易過敏的寶寶，包巾選擇上也建議使用純棉、透氣紗或是防蟎的材質會比較舒服，而

1 ～ 3 個月的寶寶尚有驚嚇反射，可以使用包巾把四肢包覆起來，蝴蝶巾也可以，讓寶寶比較不容易驚醒。

原則上包巾的使用到寶寶開始翻身、習慣掙脫包巾的時候就可以慢慢拿掉了喔。

Step1
寶寶置於包巾上，脖子處可折一小折

Step2
從左側拉到腹部下面

Step3
將右側疊入身體後方，將寶寶包入

CHECK

小提醒

在使用包巾時，須注意讓寶寶下半身寬鬆一些，維持足夠空間讓腳可以自由活動。這是因為寶寶的髖關節於出生後仍持續發育，過度限制寶寶的腿部姿勢可能導致其發育不良。

寶寶沐浴
step by step

寶寶的家準備好了,之後就是幫寶寶做好清潔啦!

✦ 寶寶怎麼洗澡呢?

1. 洗澡時機

- 寶寶洗澡要多頻繁呢?國外建議一週 2 ～ 3 次就足夠了。不過臺灣的天氣較悶熱潮濕,每天洗一次也是可以的,但不需要更頻繁。過度洗澡反而容易讓寶寶的皮膚角質層變得乾燥脆弱。

- 每次洗澡時間約為 5 ～ 10 分鐘,避開餵奶後 1 小時內以避免吐奶。通常挑選照顧者方便的時間即可,而也有人建議可以選擇一天中氣溫較高的時段為寶寶洗澡,以避免寶寶失溫。另外,也可挑選寶寶睡前洗澡,讓寶寶更放鬆更易入睡。

2. 事前準備

- 維持環境室溫在 24 ～ 26 度，並注意環境要有通風口。
- 寶寶入水前要先試水溫，確定水不會太熱或太涼；若一開始不熟悉可用溫度計協助，量測水溫約為 37 ～ 38 度。
- 準備物品：浴盆、大浴巾、小毛巾 1 ～ 2 條、衣服、尿布、臍帶護理包、中性肥皂或嬰兒沐浴產品、溫度計（需要時測試水溫用），務必先將物品放置在洗澡時伸手可及的地方。

臉盆　　大毛巾　　小毛巾

嬰兒沐浴用品　　尿布　　臍帶護理包　　衣服

CHECK

小提醒

放水前，先放冷水再放熱水。

3. 洗澡步驟

- 脫掉衣服，若尿布有排泄物需先行處理，再以浴巾包裹住寶寶。

- 清潔臉部：沾濕小毛巾，依序由眼、鼻、口、耳擦拭，再擦拭臉、下巴、脖子，每擦拭一處後更換毛巾不同部位繼續擦下一處，不要重複使用。

- 洗頭：將寶寶以橄欖球式夾在腋下，手掌托住頭部，用少量沐浴乳輕搓頭髮，沖水前用手指壓蓋住寶寶耳朵避免水流入，完成後擦乾頭部。

- 解開浴巾，讓寶寶枕在前臂，手抓著寶寶的腋下及手臂，再將寶寶臀部放入澡盆中，可在寶寶身上用毛巾拍點水適應水溫。

- 用清水或少量沐浴乳清潔寶寶身體，注意脖子、腋下、大腿、股溝處等皺褶部位的清潔。

- 洗完正面後，用前臂托住寶寶下巴並用手扶著腋下，清洗寶寶背部。

- 洗完後將寶寶恢復清洗正面的姿勢，將寶寶抱出。

- 用浴巾包好擦乾，可於此時進行臍帶護理，再迅速幫寶寶包尿布穿上衣服。

- 洗澡可能讓寶寶的皮膚角質層脫水，若為有過敏體質的孩子，洗完澡是使用乳液保濕的好時機。
- 沐浴後可抱著寶寶，使其好入眠。

臍帶護理

臍帶尚未脫落前至脫落後 1 週內（臍根部尚未乾燥時）須做臍帶護理，一天做約 2 ～ 3 次，沐浴後或因大小便汙染時務必要進行。

1. **事前準備**
   - 通常媽媽在產後離院時，護理師會提供臍帶護理包，包含以下物品（爸爸媽媽也可以自行準備）：
     - 75% 酒精（清潔消毒用）及 95% 濃度酒精（乾燥用）
     - 小棉棒
     - 紗布
     - 透氣膠帶

2. **臍帶護理步驟**
   - 處理臍帶前務必洗手。
   - 用手指將肚臍周圍皮膚撐開露出臍帶根部交接處，若難以暴露可用手稍微提高臍帶。
   - 以 75% 酒精執行消毒：先消毒臍帶根部，然後逐漸由內往外消毒臍帶、周邊皮膚。往外消毒後的小棉棒不要重複

接觸已消毒部位，可換小棉棒再重新消毒數次至乾淨。

● 再以 95% 酒精乾燥：同 75% 酒精由內往外的動作，將臍部乾燥。

● 以紗布覆蓋肚臍並以透氣膠帶固定。

● 穿尿布時，把尿布的邊緣下摺在肚臍之下，讓肚臍更易保持乾燥。

CHECK

小提醒

若肚臍周圍紅、腫、具分泌物或惡臭等，要立刻回門診評估是否有肚臍炎喔！

✦ 耳鼻的照護

● 耳殼外觀髒污時可用小棉棒或紗布沾水輕輕擦拭，但不要放入耳道內。耳屎不須特別清潔，其本身有抑菌功能且大部分會自然排除，若深入清潔易傷害耳道導致外耳炎。除非嚴重影響聽力或懷疑中耳炎須進一步檢查時，醫師才會使用器械處理。

● 鼻屎同耳屎不須特別清潔，若影響外觀時可使用棉棒沾取生理食鹽水，輕輕擦拭移除，不要深入鼻腔。爸媽常擔心鼻屎塞住鼻孔讓寶寶無法呼吸或喘，其實鼻屎在寶寶的呼

吸道會自行排除且不易造成呼吸道阻塞。孩子們會有呼吸
狀況通常是其他原因（如感染、喉頭軟化等）所導致。

✦ 會陰部清潔注意事項

- 勤換尿布。糞便、尿液含刺激性物質，勤換尿布可避免皮
  膚受刺激而產生尿布疹；此外，也可使用氧化鋅、凡士林
  等油膏做隔絕以避免尿布疹產生。關於尿布疹，請參考後
  面尿布疹的章節。
- 清潔會陰部時，女生應由尿道口前往後方擦拭，男生的包
  皮、陰囊皺褶處也須注意清潔乾淨，包皮不用硬拉輕輕拉
  開清潔就好，關於包莖後面會再有詳述。

How to Care for a Newborn

寶寶衣服
怎麼穿？

　　幫寶寶洗完澡後，就是幫寶寶穿上乾淨舒適的衣服了。然而在診間有時會看到穿著短袖的父母帶著包裹 3、4 件衣服的寶寶來看診，說阿嬤擔心孩子著涼一直要求加衣服，看了都替孩子覺得熱了呢！那寶寶要穿多少才是合適的？

✦ 環境過熱對寶寶的影響

　　1 歲以下寶寶對於溫度的調節適應較差，因此過少或過度的穿著是可能導致體溫過低或過高的喔！過熱與嬰兒猝死症候群的發生有關，因此臺灣兒科醫學會明文建議避免環境過熱，包括穿著太多衣物與過度包裹嬰兒。此外，過熱的環境也容易讓寶寶產生如熱疹等濕疹的問題，更加造成孩子不適。

　　寶寶手腳冰冷常是家長添加衣服的理由，其實新生兒因為

CHAPTER 1 寶寶來了好緊張，寶寶正常生長大全科　037

自律神經調節尚未成熟，常因手腳暴露在冷環境中而顯得冰涼，但這不一定代表寶寶穿衣不夠。這種時候可以考慮添加手套與襪子協助周邊保暖。要了解寶寶衣服是否穿太多或太少，可以摸軀幹（是指頸、胸、背等身體部分）的溫度為依據做調整。

✦ 穿衣原則建議

寶寶衣服種類繁多（如紗布衣、包屁衣、兔裝……等），爸爸媽媽可以根據自己需求購買，但穿著件數則掌握「大人穿幾件他就穿幾件」原則。若擔心環境變化大，頂多再加一件薄外套機動調整。此外可利用「洋蔥式穿搭」，方便在進出室內外時做變化。

CHECK

小提醒

正常寶寶體溫約在 36.5 ～ 37.5 度之間。若寶寶穿衣適當，但體溫還是偏高時，要注意孩子是否因感染而發燒了喔！

吃奶皇帝大，來談談母奶及奶粉的選擇

寶寶出生後一天中除了睡覺外，剩下的時間幾乎都是在喝奶，喝奶喝得好，長大沒煩惱！但在市面上要選擇奶粉，一個架上就有好幾十種，該如何選擇是好呢？

✦ 母乳

如果有母奶，建議優先以母奶哺餵，因為母乳是最符合生物演化法則，除了該有的必需營養品包含醣類、脂肪、蛋白質外，維生素、礦物質、微量元素以及免疫球蛋白等，這些都是寶寶成長所需的營養物質，而且也能讓寶寶有足夠的抵抗力。另外母乳當中也富含有母乳寡糖（HMO, Human Milk Oligosaccharide），母乳寡糖是寶寶腸道內的「益菌生」，也就是腸道內益生菌的養分來源，讓益生菌存活於腸道中，間接

阻斷病源入侵，並使免疫力提升；除此之外母乳當中重要作為熱量來源的脂肪酸：棕櫚酸（PA，Palmitic Acid），棕櫚酸在母乳的脂肪中大多位在 sn-2 的位置，稱作 sn-2 PA，此種成分會讓寶寶好消化吸收母乳，因此有時也會見到純喝母乳的寶寶可能 7 天才大 1 次便，這樣的狀況不一定是便祕喔！除此之外 sn-2 PA 也有研究證實有助於鈣質吸收和腦部神經發育。

> CHECK
> **小提醒：sn-2 PA 是什麼呢？**
> - 脂質是由一個甘油分子，以及於不同的三個位置（sn-1, sn-2, sn-3）分別連接一個脂肪酸組成，而 sn-2 PA 指的是在第二個位置處連結了 PA（棕櫚酸）的結構。
> - 母乳的脂肪中 sn-2 PA 佔量高，sn-2 PA 好吸收，同時也促使腸道內的鈣吸收，減少便祕的問題。
> - 市面上有部分奶粉標榜含 sn-2 PA 的奶粉就是推廣其順暢排便功能，不妨也可以試試！

1. 母乳保存

現代人生活忙碌，媽媽要能親餵母乳的時機分秒必爭，但總會遇到無法親餵的時刻，此時了解母乳的保存就很重要了，大原則叫做 333 原則，也就是說如果母乳擠出後 3 小時內無法給寶寶喝完，可放進冰箱冷藏 3 天，如果母乳量擠得多可一次保存很多也無法在 3 天內喝完，可放進冷凍室冷凍 3 個月保存。

放進冷藏室可用玻璃瓶的母乳儲存瓶保存，而放進冷凍庫則可用適合冷凍、密封良好的母乳保存袋。

2. 母乳回溫／加溫

　　無論是冷凍或冷藏的母乳，原則雖然以「新鮮先喝」為主，不過也要考量到媽媽的母乳量：

　　通常會需要冷凍母乳的媽媽，母乳量頗大，所以回溫冷凍母乳原則是「後進先出」，以最新鮮的母乳優先使用，除此之外冷凍母乳有時大概 1 個月左右會有腥味，有些寶寶會挑嘴不願意喝。

　　母乳量較少的媽媽，通常擠了放沒超過 3 天就喝掉了，因此很少會需要放進冷凍庫而大多放在冷藏室，所以回溫冷藏母乳原則是「先進先出」。冷凍的母乳需先解凍，可放進冷藏室放置約 12 小時解凍；而冷藏母乳加溫可放於 60 度溫水中隔水加熱，60 度的感覺可由手腕內側觸摸感覺不冰涼微溫即可。

小提醒

母乳量較大的媽媽，回溫冷凍母乳原則「後進先出」；

母乳量較少的媽媽，回溫冷藏母乳原則「先進先出」。

3. 母乳使用的注意事項

● 母乳不可過餐食用，寶寶 1 小時內沒喝完，剩餘的母乳則要丟棄。

● 母乳不可重複冷凍或冷藏。

● 冷凍母乳不可放在室溫解凍。

● 冷藏母乳不可直接加熱或用微波爐、瓦斯爐上加熱。

4. 什麼時候不能餵母乳呢？

哺餵母乳是幾乎所有狀況都能進行，即使媽媽有 B、C 肝帶原，或是確診新冠病毒感染，或是有乳腺炎，以上特殊情況都能哺餵母乳，不過偶爾會遇到媽媽無法哺餵母乳的情況，大多是極端的特例，例如：

● 寶寶有半乳糖血症。

● 媽媽正在使用特定藥物如化療藥物、降膽固醇 Statin 藥物等。

● 媽媽正在使用非法藥物如安非他命。

● 在開發中國家或已開發國家的媽媽如果有人類免疫不全病毒 HIV 的感染，不建議哺餵；在未開發國家但卻有 HIV

感染的媽媽，可能會因為經濟不佳無法購買配方奶讓寶寶哺餵而營養不良甚至死亡，因此還是可以喝母乳。

● 其餘媽媽若有疾病、或是正要服藥，請務必諮詢醫師哺乳相關事項。

✦ 配方奶

喝母乳有許多的好處，在政府相關單位的推廣下，母乳是寶寶喝奶的首選，使得許多媽媽們也承擔起不少的壓力來哺餵母乳，有時候盡人事但總不如人意，母乳量不夠或是因為其他原因無法喝母乳，使得寶寶需要改喝配方奶。

配方奶與母奶有何不同呢？其實配方奶的設計是根據母乳在大概 4 個月大時的營養成份來設計，熱量跟母乳是一樣的，而且相關法規明定各種礦物質、維生素、微量元素等都要按照法規規範來添加，只要寶寶願意喝且喝得都平順，一樣會一暝大一寸。

那這麼多種配方奶，在挑選上要注意些什麼呢？通常我們都會建議，廠牌儘量選擇耳熟能詳或國際知名品牌，最大的原因是在製造的過程他們不敢違反法規，該有的熱量、成份、微量元素等都會有，而且品管嚴格，食安的問題較少出現。

1. 配方奶泡法

Step 1
消毒奶瓶

Step 2
沖泡水溫必須超過70度

Step 3
正確泡奶,baby 少脹氣,勿上下搖晃奶瓶

Step 4
手腕內側測試溫度約38度

Step 5
降溫方式

沖冷水

泡冷水

Step 6
餵奶一把罩寶寶好睡覺

CHECK

小提醒:泡奶一點靈

1. 泡配方奶最好使用「煮沸的自來水」,礦泉水、蒸餾水、大骨湯由於裡面可能含有過量或過少的礦物質,及微量元素,可能都會增加寶寶腸胃及腎臟負擔,並不適合喔!
2. 泡過後的配方奶,不建議存放超過2個小時。

2. 無乳糖配方奶

寶寶有時會因腸胃炎而腹瀉，腹瀉導致腸黏膜無法良好吸收一般配方奶中的乳糖。然而未滿 6 個月的寶寶營養來源幾乎都需要靠奶來長大，而黏膜修復的過程需要足夠的營養才能修復較快，因此廠商製作了無乳糖配方奶，也就是所謂的「止瀉奶粉」。

在寶寶腹瀉的病程中喝無乳糖奶粉，能一樣吸收足夠的熱量以及營養，使得腸道黏膜盡快修復。當腹瀉改善的時候，寶寶還需要繼續喝止瀉配方奶嗎？答案是不用的，而且在復原的過程中，不需要一匙一匙換回一般的配方奶，如果真的擔心太快換回一般配方奶，可考慮一餐一餐換：比如今天總共 6 餐的奶有 5 餐止瀉配方 1 餐一般配方，明天改成 4 餐止瀉配方 2 餐一般配方，以此類推。

3. 水解配方奶

市面上還常常聽到的水解配方是什麼呢？

奶粉在製造時一定會添加有蛋白質，然而在有些腸道的免疫耐受性還未完全成熟的孩子，蛋白質會不好消化吸收，使得孩子出現消化不良導致腹瀉甚至營養不良的情況。這邊，我們可以把腸道的免疫耐受性想成腸道黏膜有著許多可以大小不一而具彈性的孔洞，比較小的蛋白質可以順利通過孔洞而讓身體吸收，但比較大的蛋白質

則可能因孔洞的彈性不夠成熟而無法通過孔洞造成身體無法吸收，這樣的狀況如果造成厲害的腹瀉、嘔吐可叫做牛奶蛋白過敏。

水解配方就是將蛋白質做切割成較小的蛋白質，根據切割的大小可再分成「部分水解配方」或是「完全水解配方」，切成較小的蛋白質而可以讓腸黏膜較好吸收。

「部分水解配方」已被證實可以訓練腸道的免疫耐受性，可以想成部分水解切割的蛋白質剛剛好可以蜷縮進腸黏膜的孔洞，來訓練孔洞的彈性而增加免疫耐受性，「部分水解配方」也證實是可以預防異位性皮膚炎；而「完全水解配方」則建議用來已確診牛乳蛋白過敏的寶寶，其蛋白質切割成更小的分子直接通過腸黏膜孔洞，讓腸道消化吸收足夠的蛋白質。

CHECK

小提醒：寶寶該喝水解奶粉嗎？

「部分水解配方」：可以訓練腸道的免疫耐受性，可以預防異位性皮膚炎。

「完全水解配方」：建議給予已確診牛乳蛋白過敏的寶寶，消化吸收長大不煩惱。

4. 豆奶

豆奶的成分與一般的配方牛奶粉類似，一般可考慮使用

豆奶的情況如：希望讓寶寶吃素、寶寶有半乳糖血症（Galactosemia）、寶寶有乳糖不耐症。不過豆奶並不能預防過敏，而且如果寶寶有牛乳蛋白過敏的話，也不可使用豆奶。

5. **羊奶**

配方羊奶粉在過去研究已證實，與配方牛奶粉都可提供足夠的營養給寶寶，羊奶中的蛋白質組成與母乳較為接近，也因此較能被寶寶腸道吸收，不過羊奶中的胺基酸仍有部分與牛奶類似，因次哺餵的時候仍要注意有無過敏，偶爾還是會見到寶寶對牛乳不會過敏卻對羊奶過敏，除此之外羊奶也無法預防過敏喔！

6. **早產兒配方奶**

如果有母乳，早產兒寶寶建議優先哺餵母乳，根據哺餵的量再添加母乳添加劑，而如果沒有母乳可哺餵時，就可使用早產兒配方奶。早產兒配方奶設計成不同的單位熱量，根據早產兒寶寶不同體重階段給予不同單位熱量的早產兒配方奶，且有增加多種維生素與礦物質的量，也盡可能模仿母乳中所含的成分，使得讓早產兒寶寶哺餵時好消化吸收，一般哺餵至寶寶體重達到矯正年齡的 15 ～ 50 個百分位就可以考慮換成一般的嬰兒配方奶。

最後也要提醒大家，雖然配方奶百百種，不過單位體積的熱量都被設計過跟母乳沒有差異。使用一般的配方奶順其自然即可，除非臨床上有出現腹瀉、嘔吐、血絲便、生長遲滯等，一定要就醫確認是何種問題，才能正確換成適合的配方奶，讓寶寶有足夠的營養繼續成長。

寶寶不喝奶，
厭奶期怎麼辦？

寶寶從月子中心回家後，每天都是安穩的吃飽飽睡好好，怎麼突然到了 3 ～ 4 個月大時就不喝奶了呢？上面這個問題就是所謂的嬰兒厭奶期，是每位新手父母都會遇到的重大考驗。

為什麼突然不喝奶了呢？

「嬰兒厭奶期」通常發生在 3 到 5 個月大的小嬰兒身上。在這段期間，寶寶的腦部及五官對於外界的刺激越來越敏銳，對於周圍環境的變化產生好奇心，也因此會不專心在喝奶這件事情上。

另外，在經過了 2 ～ 3 個月的母奶或奶粉餵食後，寶寶對於一成不變的奶水興趣缺缺，也造成厭奶期的發生。其他原因例如小孩在 5 個多月長牙，會開始喜歡亂咬東西，或是這段成

長時期也較 1 ～ 3 個月大時減緩，熱量不需如此多的情況下，自然就比較不太愛喝奶了！

餵奶戰鬥營： 怎麼度過嬰兒厭奶期呢？

剛剛有提到，嬰兒厭奶期是一個正常的生理現象，可能有寶寶吃的量少了一點，但其他寶寶吃的量少了很多。但重要觀念就是：如果寶寶精神活動力都超好，以及生長曲線都符合其年紀的發展（在同一條曲線上、維持正常成長），嬰兒尿量或換尿布的次數都正常的話，各位父母都不用太擔心喔！

CHECK

小提醒：嬰兒換尿布次數

第一個月裡，寶寶一天可能會需要更換 10 次以上尿布，隨著嬰兒的成長，更換頻率會降低，1 到 4 個月的嬰兒每天可能需要更換 6 到 8 次尿布，4 個月到 1 歲的嬰兒每天可能需要更換 4 到 6 次尿布。但是，每個寶寶的需求都是不同的，應該依據寶寶的狀況作適當調整喔！

這邊提供一些小訣竅，大家一起幫助家中寶寶度過嬰兒厭奶期吧！

1. 改善用餐環境

3 到 5 個月大時，每個寶寶都是好奇寶寶。過多的刺激或

太強的光線都會吸引寶寶的注意影響進食。因此建議餵奶時要在安靜、燈光柔和的環境中餵食，避免過多電視電腦聲光刺激。

2. 增加白天活動

白天清醒時期，多和寶寶互動玩遊戲，增加體力消耗。寶寶肚子餓了，自然吃的多啦！

3. 嬰兒主導式瓶餵

想想看，如果別人逼你把不喜歡的東西硬要你吃完，這時當然吃飯的效率就會差。成人如此，寶寶更是這樣。我們這邊鼓勵的「嬰兒主導式瓶餵」，就是希望寶寶喝奶時能按原本喝奶時間餵食，不強迫寶寶喝完。 如果寶寶這餐吃不完，可以下一餐再多吃一點，給予寶寶多點餵食的彈性。按表操課的餵食不僅寶寶對於餵食會有害怕及恐懼，對照顧者來說也是一大心理壓力。

4. 奶嘴孔洞要適中

許多父母在寶寶長大後，奶瓶的奶嘴卻沒有跟著換大號。這時如果奶嘴孔洞太小，寶寶吸奶困難，也會影響寶寶進食的意願，也更容易有脹氣的發生（都吸到空氣了）。照顧者記得按時檢查奶嘴孔洞大小喔： 最適合的速度是一秒一滴。

5. 確實拍嗝

喝奶完要記得確實拍嗝，即使寶寶已經睡著，還是建議要適時幫寶寶拍嗝排氣。拍嗝的重點在於動作要輕柔正確，別讓

寶寶不舒適。如果拍嗝不確實，更容易發生吐奶或溢奶等症狀。此外，肚子脹也會影響寶寶下一餐喝奶的意願喔。

6. 添加副食品

既然不愛喝奶，那如果寶寶身體不是在急性生病的狀況下，這時候反而是添加副食品的好時機。目前兒科醫學會建議在寶寶 4 個月大之後可以添加副食品，除了訓練寶寶吞嚥協調功能外，也能改善厭奶其所產生的營養不均衡狀況。

CHECK
小提醒
嬰兒厭奶期是一個正常的生理現象。 如果寶寶精神活動力都超好，以及生長曲線都符合其年紀的發展，嬰兒尿量或換尿布的次數都正常的話，都不用太擔心喔！

How to Care for a Newborn

營養品百百種，
該如何幫寶寶補充呢？

✦ 維生素 D

　　維生素 D 又稱之為「陽光維生素」。剛出生的寶寶，如果是純母乳哺餵的孩子，必定要給予的營養品是「維生素 D」！現代人因為生活型態改變，可能會常使用防曬來減少曝曬陽光，媽媽的血液中維生素 D 可能偏少，使得母乳當中的維生素 D 含量對於寶寶來說是不夠的，如果寶寶缺乏維生素 D，嚴重的可能會導致容易骨折甚至骨骼畸形。而用一般嬰兒配方奶哺餵的寶寶如果一天的總奶量未達到 1000ml 的話，仍建議額外添加維生素 D 哦！建議每日添加 400IU。

小提醒：適量維生素 D 攝取，骨頭成長沒煩惱

● 未滿 1 歲，純母奶寶寶每日補充維生素 D 400 IU。

● 每日配方奶量未達 1000cc 者，也建議每日補充維生素 D 400 IU。

● 6 個月以上嬰兒，可以在安全範圍下適當補充日照。

鐵

　　每個寶寶出生時都帶著媽媽給予的鐵，隨著時間消耗，大部分正常無早產的寶寶純哺餵母奶之下，在 4 ～ 6 個月大開始容易出現鐵質的缺乏，會進入生理性貧血的階段，也因此需要補充富含鐵質的副食品。若鐵質來源不夠可能會讓貧血惡化使得寶寶生長遲滯，建議如果此時尚未開始添加副食品，要額外補充鐵劑給予寶寶哦！

常見高鐵食物鐵含量（每 100 公克）

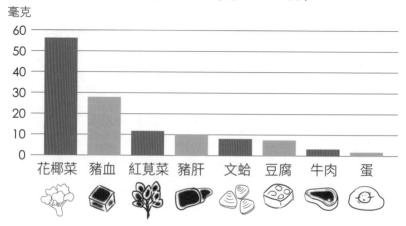

小提醒：鐵劑怎麼補看這邊

● 純母乳哺育的寶寶，四個月開始補充富含鐵質的副食品。

● 若尚未補充副食品，建議可以視臨床狀況補充 1mg/kg/day 的鐵劑。

小提醒：需要額外補鐵的寶寶

有部分寶寶，會因為在媽媽肚子裡「鐵質便當」帶的不夠，而需要補充額外的鐵質，如：

● 早產兒。

● 低體重寶寶（2500g 以下）。

● 寶寶出生於無良好控制的糖尿病的媽媽。

● 寶寶出生於懷孕時貧血、吸煙、妊娠期高血壓的媽媽。

 鈣

　　一般配方奶以及母奶的鈣質成分是足夠寶寶一天所需的鈣質容許量的，加上副食品的餵食，在飲食均衡的寶寶身上是幾乎不會出現缺鈣的，另外有沒有長牙跟缺鈣是沒有任何相關性的！牙齒的形成其實在寶寶還在媽媽體內大約在第二妊娠期就已鈣化完全，而牙齒有沒有從牙床冒出來是需要牙床受刺激才會冒出來，所以鈣粉的額外補充在營養均衡的寶寶是不需要的。

鋅

　　過去曾發生哺餵母乳的寶寶因為缺乏鋅而造成皮膚疹，不過大部分學者認為和媽媽的飲食無關，推斷可能是乳腺對鋅的吸收較差，而造成奶水中的鋅含量偏低。如果嬰兒在嘴巴周圍，還有四肢末端出現乾脫屑或水泡性紅疹時，要考慮鋅缺乏的可能性。不過只要在副食品吃得不錯的和搭配配方奶哺餵的寶寶，鋅缺乏的可能性很低，鋅含量豐富的食物其實跟富含鐵質的食物是類似的，主要以紅肉為主，真的要額外補充鋅，也建議抽血化驗確認鋅有缺乏時才補充鋅片。

維他命 B、C、維他命 A、E、K

　　在診間也常被問到是否讓孩子補充綜合維他命，其中包含維他命 B、C、維他命 A、E、K。

　　「維他命 B、C」是屬於水溶性維生素：水溶性維生素代謝較快，會需要每天適度的補充，但是在母乳以及配方奶中，這兩類維生素都是足以給予寶寶的，除非媽媽本身缺乏這兩種維生素。另外副食品中如水果、米麥、肉類、蔬菜、豆類，這些食物也都富含水溶性維生素。

　　「維他命 A、E、K」是屬於脂溶性維生素：此類維生素代謝慢，只溶於脂肪中，須靠食物中的脂肪才能被消化和吸

收，母乳和配方奶中皆含有這三種足量維生素，副食品當中以肉類、魚等富含這三種維生素，因此只要寶寶奶喝得好、副食品吃得好，這類的維他命補充品，都不需要在 1 歲以前的寶寶來做補充。

CHECK
小提醒：營養均衡最重要！

寶寶的營養品其實圍繞在營養元素本身，而所謂的營養均衡，從我們熟悉的全穀雜糧類、豆魚蛋肉類、蔬菜類、水果類、乳品類這些都有顧及到，其實營養就很足夠了。

裝在瓶瓶罐罐裡的東西（營養補充品、益生菌、酵素等）通常不需要被長期使用也不一定要使用，也要提醒堅果種子類等硬的食物對於未滿 3 歲的寶寶不可使用喔！

益生菌怎麼挑，
我的寶寶需要益生菌嗎？

剛出生的寶寶腸胃道本身是無菌的，因為基因的不同、自然產或剖腹產以及哺餵母乳或配方奶等，而影響腸道菌叢數量與種類，一旦開始哺餵母乳或配方奶，腸道菌叢就開始建立，菌叢建立的過程會有好菌、壞菌、伺機性病原菌的產生，這三者有著微妙的平衡。一旦寶寶因為病原體入侵、環境改變、哺餵方式改變和使用抗生素等，會破壞平衡而使壞菌、伺機性病原菌增加，讓寶寶可能有消化不良、腹瀉、嘔吐等，這時如果讓好菌多一點，盡快讓平衡恢復，會讓寶寶的不舒服恢復較快些，因此補充這種好菌在身體腸道裡讓寶寶有健康促進效果的即可稱作益生菌。

目前市面上常用的菌種包括：丁酸梭菌 Clostridium butyricum、嗜酸乳桿菌 Lactobacillus acidophilus、比菲德氏

菌 Bifidobacterium species、羅伊氏乳酸桿菌 Lactobacillus reuteri、鼠李糖乳桿菌 Lactobacillus rhamnosus GG、副乾酪乳桿菌 Lactobacillus paracasei 33。

　　哪些狀況是生活中可能會需要讓寶寶補充益生菌的呢？

CHECK　　小提醒：媽媽懷孕的時候補充益生菌可以預防過敏嗎？

目前證據顯示，媽媽在懷孕期間開始補充益生菌，有助於降低新生兒過敏的機率。除此之外寶寶出生後，媽媽在哺乳期間補充益生菌而同時持續哺餵母乳，等於讓寶寶也攝取益生菌，能減少孩子的過敏反應。

不過研究也指出，預防寶寶的過敏反應是預防異位性皮膚炎，但對寶寶長大後可能產生的過敏性鼻炎或氣喘，目前都沒有顯示有明顯預防的效果喔！

小提醒：益生菌能用於預防過敏嗎？

國內外目前研究的最透徹的是 LGG 菌：Lactobacillus rhamnosus GG，證據顯示長期補充有助於舒緩異位性皮膚炎以及減少異位性皮膚炎的發生。

不過每個人的免疫反應不同，預防過敏還是需要從根本做起：營養均衡、保持居家環境、寢具家具的整潔，並維持適當的濕度等。

✦ 我的寶寶真的需要益生菌嗎？

益生菌種類繁多，對於寶寶的幫助有多好也還有許多研究正在進行，不過寶寶如果營養均衡且有適度的接觸戶外環境，一般來說不一定要補充益生菌，除非有出現上述的情況。如果真要挑選益生菌，建議可先諮詢醫師，以及在商店架上優先找專利菌株，因為專利菌株有它專有的菌株編碼，專利菌株也代表是有嚴謹的科學實證以及研究文獻佐證安全性和功效。除此之外在臺灣還可以認明小綠人標章，此標章代表通過衛福部審核的健康食品。

小提醒

如果要讓未滿 1 歲的寶寶補充益生菌，建議以粉狀或滴劑為優先喔！

副食品怎麼餵？
讓營養一次到齊

✦ 何謂副食品呢？

除了奶以外的營養品，最重要的其實是副食品，目前已經建議 4 ～ 6 個月大即可開始讓足月的寶寶餵食副食品喔！而早產寶寶可以等待矯正年齡到 4 ～ 6 個月再開始。

✦ 給予寶寶副食品的最佳時機是何時呢？

寶寶過了 4 個月後，會進入生理性貧血，只從母乳或配方奶中攝取鐵質已經無法滿足寶寶的需求，所以此時攝取副食品是對寶寶最好的時機。

寶寶越早餵食副食品越好嗎？

寶寶在 4 個月大前腸胃道的功能還沒完全成熟，例如：胃內的酸鹼值還不夠低可以分解副食品中的蛋白質，因此在 4 個月大前餵食外來的蛋白質可能會拉肚子；另外，寶寶 4 個月大前的小腸澱粉酶還不夠成熟，雖然口腔有澱粉酶，但這時寶寶幾乎不會有咀嚼的動作使得食物不會留在口腔許久，食物很快就進入食道以及胃腸，因此 4 個月大前餵食副食品中的米湯、粥等，可能會拉肚子；除此之外，食物的消化吸收與腸內菌叢有關，在 4 個月前腸內菌叢還未完全發育成熟，因此副食品最早開始餵食是建議 4 個月大後哦！

寶寶餵食副食品有什麼好處呢？

餵食副食品一方面可以訓練寶寶的咀嚼及吞嚥的能力，最重要的是可以為斷奶以及戒掉奶瓶作準備，培養與父母一起在餐桌上進食，以及讓寶寶嘗試使用兒童餐具以培養寶寶的精細動作。

提高寶寶嘗試各種副食品的小祕訣？

1. 以天然食物為主，例如果汁、菜湯、米糊、麥糊等；也就是說加工製成的米精使用順位可以不用當作一開始的副食品。

2. 於寶寶飢餓時餵食，先讓寶寶吃副食品，再搭配母奶或配方奶哺餵，以增加寶寶嘗試副食品的機會。

3. 可以嬰幼兒湯匙餵食，以利寶寶慢慢適應成人餐具。

4. 由少量開始嘗試，可以先一口，寶寶如果想吃，可以再給第二口。

5. 過去許多專家建議可以 1 至 3 天添加新的一種副食品，濃度由稀漸濃，確認沒有出現腹瀉、皮膚紅疹等問題後，可添加新的一種副食品，不過近幾年有些專家認為副食品多樣化的添加，只要是少量一兩口，對寶寶的成長其實不受影響，甚至可以藉此訓練腸道黏膜的免疫耐受性，而讓免疫力增加。

6. 有些副食品給予寶寶時，明顯表現出不悅的動作，就不要強迫餵食，這樣會讓寶寶產生不好的經驗。

7. 副食品的順序一般會建議從穀類→蔬菜→水果→肉泥→蛋白蛋黃等。

8. 1 歲前不可使用蜂蜜當副食品，這是因為蜂蜜中含有肉毒桿菌孢子，而寶寶的腸道尚未發育完全，無法抑制肉毒桿菌生長。肉毒桿菌會產生神經毒素，會讓寶寶有生命危險。

9. 副食品盡量以可剪碎以及可壓爛為主。

10. 食材要煮熟，不可生食。

以上幾點都很重要，不過最重要的還是照顧者也要保持愉快的心情與寶寶一同進食喔！千萬不要害怕讓寶寶自己動手，這樣反而會減少寶寶自己嘗試及摸索機會。

✦ 副食品的 4 階段準備流程

	4～6 個月	7～8 個月	9～11 個月	12 個月以上
質地	研磨至滑順泥糊狀	可有顆粒舌頭可壓碎	牙齦可壓碎	牙齒可咬碎
紅蘿蔔（根莖類）				
米糊粥白飯				
高麗菜（葉菜類）				

✦ 什麼是 BLW 餵食法？

Baby-led weaning（BLW），又稱寶寶主導式離乳法，是近幾年從國外流行到臺灣的一種餵食方法，他的精神在於讓寶寶自己決定吃的食物種類，給寶寶自己抓食物吃。強調由寶寶自行抓取並主導飲食節奏和食量。飲食種類也不特別限制，大人餐桌上有什麼就都讓寶寶自行嘗試看看（當然此時大人的食物也必須是健康的）。BLW 學派認為這樣的餵食方法，可以幫助寶寶訓練手眼協調、訓練咀嚼能力、咀嚼食物的過程同時訓練未來語言的發展。此方法優勢為不需多花時間準備嬰兒食品，也可以減少未來挑食的機會！

Q 常見的食物種類可用哪些呢？

如蒸熟的花椰菜、香蕉、紅蘿蔔、地瓜、蘋果、芭樂等。

Q 這種餵食方法遵守哪些原則呢？

1. 不勉強寶寶吃某種食物。

2. 不規定寶寶該吃多少。

3. 不催促寶寶。

4. 基本上不使用湯匙餵食物泥。

一般建議當寶寶坐穩，也就是 6 ～ 7 個月大過後，以及寶寶看到大人吃東西會想抓或流口水，就可以讓寶寶嘗試 BLW 餵食法。國外研究還提到有個好處在於照顧者餵食較輕鬆，寶寶也比較在沒有壓力的狀況下進食。只不過這樣的餵食方法可能會產生因寶寶吃的量不夠而熱量不足，或是餵食時間過長反而使照顧者身心俱疲，從國外的研究報告以及筆者遇到的幾位照顧者的經驗，都曾提到為了寶寶的熱量攝取以及餵食時間過長的關係，後來會混搭湯匙餵食食物泥。這邊建議如果想要讓寶寶嘗試 BLW 餵食法，跟兒科醫師諮詢還是比較好的，每個寶寶都是獨一無二的，不一定每位寶寶都適合這樣的餵食方法。

嬰兒睡眠：
爸媽戰鬥營開始

 今天是寶貝從月中返回家的日子了，爸爸媽媽都好期待！結果開始的一個星期，寶寶卻一直大哭不願意入睡，爸爸媽媽好挫折。

 寶寶一直是個好眠寶寶，然而 4 個月後，寶寶忽然晚上好難哄睡！到了睡眠時間一放到床就開始大哭！導致嬰兒床都沒怎麼用到，該怎麼辦呢？

　　喝奶和睡眠是新生兒最最重要的兩件事。但是，小嬰兒的睡眠生理時鐘還沒發育完全，這時候的睡眠真是亂糟糟。也搞得很多父母親前幾個月睡眠品質不好。

✦✦ 知己知彼，百戰百勝：了解嬰兒的睡眠週期

要讓父母和小嬰兒可以都睡好，首先要先了解正常嬰兒的睡眠週期。父母們只要掌握下面要點即可。

1. 嬰兒總睡眠時間逐漸減少

根據美國史丹佛兒童醫院資料統計，新生兒一天平均睡眠大概需要 16 小時，3 個月大平均約 15 小時，6 個月大平均約 14 小時，滿周歲時約 13 小時。但要知道，這些都是平均值，每個小朋友差異很大，但小嬰兒需要的總睡眠時數是遞減的。

2. 嬰兒夜間時間逐漸變長

剛出生的小嬰兒吃飽睡，睡飽吃。可是隨著 3 個月大之後，嬰兒睡眠生理時鐘及褪黑激素分泌成熟，這時候小嬰兒知道白天和黑夜的差別了，晚上自然可以睡更久了。這個時候，父母親要調整嬰兒的晝夜習慣，讓小嬰兒可以睡過夜。

3. 嬰兒白天小睡次數變少

隨著晚上睡更長，白天就是一個活動力十足的寶寶了。白天小睡次數應隨年齡遞減。

下表為各年齡層的睡眠週期：

年齡	總睡眠時數 （小時，平均）	夜間睡眠 （小時，平均）	白天小睡次數
0～3 個月	16	不定	4 次以上
3～6 個月	15	8～9	3～4
6～9 個月	14	10	2～3
9～12 個月	13	11	2

（資料來源：Stanfard Child Hospital/Dr. Richard Ferber）

CHECK

小提醒

嬰兒睡眠需求有個體的差異，因此嬰兒睡眠時間並不會人人相同，而是有長有短。

隨著年齡增長，嬰兒睡眠時間將逐漸縮短。

✦ 睡眠戰鬥營開始！

剛剛提到許多寶寶睡眠的基本知識，接下來我們依照年紀來為你家寶寶打好睡眠基礎吧！

0～3 個月大：打好睡眠基礎

3 個月以下的小寶寶，因為褪黑激素分泌不足，無法分辨白天及黑夜的不同。這時候千萬不要操之過急，等到 3 個月後，腦部成熟，這時候再來訓練日夜週期也不遲！在 3 個月以下的

寶寶，我們的重點不是「訓練日夜週期」，而是「打好睡眠的基礎」，幫助寶寶成長。

在這邊分享一些常用的小技巧，讓照顧者度過這段手足無措的時期，分成白天及夜晚來介紹！

● **白天時：**

1. 室內陽光充足，將窗簾拉開，陽光有助於腦內血清素分泌，更可以調節寶寶睡眠。

2. 寶寶醒來時多和寶寶互動及玩遊戲。

3. 不需刻意避免產生日常噪音。

● **夜晚時：**

1. 維持環境安靜及輕聲細語。

2. 燈光調暗。

3. 減少和寶寶遊玩，有必要時再更換尿布。

4. 餵完奶或換完尿布後，立刻將寶寶放回床上。

5. 夜間餵奶時不用強求，順其自然。

6. 餵奶時維持環境安靜，可以躺著親餵，也可以邊餵邊休息。

7. 瓶餵的寶寶，也可適當使用奶嘴安撫。

8. 若寶寶的驚嚇反射明顯，可以使用蝴蝶包巾，或是以毛巾 8 字將寶寶雙手輕輕包覆，可以減少寶寶的驚嚇反射，材質可以挑選純棉透氣，才不會有熱疹產生喔。

這個階段的睡眠時鐘是混亂的，照顧者應該著重於打好睡眠基礎，建立寶寶對於睡眠的安全感，有了安全感後，3 個月大後的睡眠訓練自然水到渠成啦！

3 ～ 6 個月大：訓練日夜週期

3 個月大後的寶寶腦部逐漸成熟，這時候就是來做睡眠訓練的時期啦！

但各位照顧者要知道，寶寶的睡眠是浮動的，浮動之外，也有許多內在因子（包括上面提到的睡眠週期及睡眠時數）及外在因子（疾病，大人作息或是環境因素）交互影響。但，大家要知道，每位小孩是獨特的，培養出你和你家小寶貝最適合的作息才是最重要的！

下面跟大家介紹如何養成寶寶的健康作息！原則與剛剛 0 ～ 3 個月大寶寶類似，但這邊更重視白天及夜間的「吃－玩（護理）－睡」循環以及夜晚的「睡前儀式」。

1. **培養晝夜節律**

   白天時窗戶打開，讓陽光或燈光照進來，適當互動。夜晚時，放低音量，減低燈光。

2. **制定合理全日作息**

   3 個月大開始晚上睡眠時間拉長，白天睡眠次數縮短，白天睡眠一次不要超過 3 小時。

3. 鼓勵母奶哺育

母乳中有媽媽分泌的天然褪黑激素，有助嬰兒的睡眠。

4. 睡醒後喝奶

白天起床後稍微活動一下後喝奶，讓嬰兒進入適當的「吃－玩（護理）－睡」循環中。

5. 白天時建立適當「吃－玩（護理）－睡」循環

每個週期循環時間長短因每位嬰兒而不同。讓小嬰兒在白天時維持適當的循環週期，之後照顧起來也比較輕鬆。

6. 每天固定的睡眠上床時間，搭配固定的睡前儀式

讓小寶寶知道每天媽媽為我準備的睡前儀式開始的時候，就是該開始夜間睡眠的時候了。睡眠儀式可以包括關燈、餵奶、唱兒歌、唸故事書等。培養小嬰兒固定的上床時間。

7. 避免寶寶睡前給予過多的刺激

跟寶寶玩耍、飛高高等，都不適合排進睡前儀式。

8. 試著半夜不要餵奶

如果寶寶哭，可以輕輕拍拍安撫他，但暫時不餵奶，看看他的反應。如果還是持續哭鬧，也可少量餵食。

9. 不要讓寶寶邊喝邊睡

讓寶寶養成起床後才是喝奶的概念。如果寶寶在喝奶時想睡但仍醒著的時候，這時可以輕輕把他放在嬰兒床裡。

剛放下時可能會哭，但這時要輕聲安撫讓寶寶穩定情緒，漸漸把奶瓶移開，接著安撫入睡。

10.適當使用奶嘴

安撫寶寶。

新生兒睡眠問題困擾著很多新手爸媽，不過按照上述訣竅，只要小嬰兒有吃有睡愛笑，就表示小嬰兒也肯定照顧者為她／他安排的睡眠週期。按照小寶貝的需求制定合理的作息，相信大家一定做得到！

寶寶突然變小惡魔，談談可怕的睡眠倒退期？

門診時常常有家長問到，小朋友之前都睡很好，不過最近突然變得晚上睡不好，或是白天小睡時間很短，這可能是嬰兒睡眠倒退期。

睡眠倒退期通常發生在 4 ～ 6 個月大時，小嬰兒在這時期睡眠中樞慢慢成熟，也發展出許多指標技能，而且會分辨自己人和陌生人了。這種種因素加起來，若合併小嬰兒最近有身體重大變化（例如拉肚子，吃副食品等等），都可能讓小嬰兒的睡眠狀況變差，也就是所謂的睡眠倒退期。所幸，在小嬰兒慢慢適應後，大約 2 ～ 4 週，他們會調整出一個和你可以共同接受的作息模式。

父母們針對難熬的睡眠倒退期，還是可以依照下面技巧來面對：

1. **處理分離焦慮**

   看看睡不好是不是沒有安全感。給予足夠的安撫，讓小嬰兒更好入睡。

2. **發現生理性疾病**

   看看睡不好是不是因為生病了，或是腸絞痛不舒服？處理完生理因素後，小寶貝也能睡的更安穩。

3. **根據年齡來調整整日作息**

   配合適合的年齡，安排適當的整日作息。

4. **維持固定作息**

   安排適當整日作息後，持之以恆，固定下去。

CHECK

小提醒：寶寶哄睡

日本的科學家發現哺乳動物有所謂的「運送效應」，也就是當父母抱著孩子慢慢走路 5 分鐘左右，寶寶的心跳呼吸能達到最為平和的效果，但當這個時候直接放到床上 1/3 會驚醒無法入睡，所以當寶寶稍微安穩後，可以再讓照顧者坐著 8 分鐘左右，最後再讓寶寶躺回嬰兒床，會讓寶寶習慣這樣的節奏而好眠。若有睡眠困擾的父母不妨試試看！

寶寶出門
怎麼準備呢？

吃飽睡飽後，寶寶也要帶出門活動甚至到醫院接受打疫苗及檢查，這邊來談談寶寶出門注意事項吧！

寶寶可不可以出門呢？

- 3 個月以下的寶寶，由於免疫尚未成熟，不建議到人多的公眾場合太久，若要出門建議選擇通風透氣的地方喔！另外，也要注意寶寶的衣服是否足夠保暖和透氣，可以摸摸寶寶的後頸是否冰涼或出汗來決定衣服的多寡。

- 3 ～ 4 個月後口水分泌增加，出門建議多帶口水巾或換洗衣物，出門乘車時間以不超過 1 小時為原則，可以帶一些安撫的玩具或奶嘴一起。

- 4 ～ 6 個月後寶寶活動力增加，開始翻身、爬行、可能出

現站立動作，出門務必注意安全，也可以帶一些副食品該用的器材囉。

✦ 背巾的選擇

- 3 個月以下的寶寶頭頸發育尚未完全，背巾選擇上務必保護頭頸。
- 選擇背巾要注意人體工學，寶寶的脊椎和髖關節發育尚未成熟，背巾上請選擇讓寶寶脊椎呈現 C 字自然包覆，且大腿呈現 M 字自然打開，才能保護寶寶唷。

C：包覆頸背成彎曲

M：大腿自然打開，成 M 字型

✦ 嬰兒汽車座椅

嬰兒座椅的選擇建議可以尋找透氣的材質、可以隨年紀調整、並且支撐力足夠。行車過程中寶寶可能會無聊或是哭鬧，可以多帶些寶寶感興趣的玩具，但注意安全，可以的話可以安裝鏡子，以便駕駛座也可以觀看寶寶的情形喔。以下附上臺灣現行法規。

- 2 歲以下的寶貝，應使用攜帶式嬰兒床或後向式安全座椅，並且應安置於後座。
- 2 至 4 歲以下或體重在 18 公斤以下，建議優先選用後向式座椅，並安置於後座。
- 4 至 12 歲的寶貝，不強制使用安全座椅，但在無法安全使用成人安全帶前，仍建議使用安全座椅或增高墊。

✦ 寶寶可以搭飛機嗎？

疫情之後，國人旅遊的頻率大幅增加，自然也增加了帶嬰兒上飛機的需求，寶寶如果需要搭飛機的話，可以注意下面幾點。

- 上機前確認尿布已經更換，多帶幾片備用，另外短程旅行可以先在機場泡好奶，上飛機時剛好可以使用。
- 飛機起飛降落時容易耳壓不適造成疼痛，也可以讓寶寶喝一點奶或水，調節耳內的壓力。
- 事先預約好適合寶寶的位子，小一點的寶寶可以找能掛搖籃的。
- 調整睡眠中的寶寶對光線敏感，若靠近窗戶可以準備遮陽物。

疫苗打什麼？會發燒嗎？
要注意什麼呢？

寶寶成長最重要的一件事情，就是定期的打疫苗。這裡整理了一些疫苗的總整理，最需要注意的事項，會照著時間序排列。另外，筆者希望大家更全面認知疫苗，年齡層涵蓋到 5 歲。

什麼情況不適合接種疫苗

一般只有四種情況我們會建議病患延緩疫苗的施打：

● 發燒，但若只有輕微呼吸道症狀（例如咳嗽、流鼻水）可以施打。

● 急性炎症。

● 先前接種該項疫苗曾發生嚴重反應。

● 未經治療的結核病患。

✦ 接種疫苗須攜帶的物件

　　健保卡、寶寶手冊、初次接種者要同時攜帶戶口名簿，另外如果有因疾病或其他原因注射高量類固醇、輸血或注射免疫球蛋白，也可以帶病摘供注射醫師參考。

✦ 常規疫苗接種

B 型肝炎疫苗

接種時辰：剛出生、1 個月、6 個月。

接種可能副作用：一般沒有太多副作用。

附註：視媽媽的 B 肝帶原、活性狀況，可加打免疫球蛋白。另外若媽媽為陽性者，也建議在寶寶一歲時再抽血檢驗有沒有生病跟抗體生成情況喔！如果沒有抗體生成可以考慮再接種一輪三劑 B 型肝炎疫苗，大約 3 ～ 5% 的人體質上無法產生抗體。

> CHECK
>
> **小提醒**
>
> 若寶貝有 B 型肝炎感染疑慮或想增加 B 型肝炎抵抗力，可以考慮將 18 個月的五合一疫苗改成六合一疫苗增加 B 型肝炎防禦。

五合一混合疫苗

預防疾病：白喉、破傷風、百日咳、b 型嗜血桿菌、小兒麻痺

接種時辰：2 個月、4 個月、6 個月（可與 B 肝合併成為六合

一疫苗）、1 歲 6 個月。

接種可能副作用：注射部位紅腫、酸痛，偶爾有發燒、哭鬧不安、腸胃不適等症狀，通常 2～3 天後會恢復，若超過38.5度，可以使用退燒藥品（例如：安佳熱）。

附註：若發燒超過 48 小時，高燒合併精神活動力不佳、食慾不振、尿量明顯下降，建議就醫，可能不是疫苗副作用引發的喔！

13 價結合型肺炎鏈球菌疫苗

預防疾病：肺炎鏈球菌

接種時辰：2 個月、4 個月、6 個月（注意，6 個月為自費！）、12 ～ 15 個月。

接種可能副作用：注射部位紅腫、酸痛，偶爾有發燒，通常 2～3 天後會恢復。

附註：6 個月的肺炎鏈球菌疫苗為自費項目，主要是參照國外對於「群體免疫」的研究，將第三劑轉為自費，但對個人的保護力而言，施打完整四劑疫苗可以增加 5 ～ 15% 的保護力。注意另外一隻肺炎鏈球菌的 23 價多醣體疫苗並不適用於兩歲以下兒童。

卡介苗

預防疾病：幼童的嚴重結核疾病。

接種時辰：5 個月～ 8 個月

接種部位：左側手臂三角肌皮內注射。

接種可能副作用：一般少有發燒情形。約 1 ～ 2 週產生小紅結節，4 ～ 6 週產生潰瘍，2 ～ 3 月癒合結痂完成。

附註：注射前建議先確認家族內有無嚴重複合型免疫缺乏症（SCID）病史，或是寶寶出生時有沒有做自費 SCID 檢查。注射完卡介苗後請注意傷口部分，不要搔抓或擠壓，潰瘍時不需要使用藥膏或貼片，等它自然脫落即可。

> CHECK
>
> **小提醒：不宜接種卡介苗的時機**
> 1. 如果家裡有疑似結核病人或是寶寶疑似被結核菌感染，請勿直接接種卡介苗。
> 2. 如果寶寶有合併麻疹及水痘感染，建議 6 週後再接種卡介苗。
> 3. 如果媽媽為愛滋病毒患者，寶寶應追蹤 4 個月後，無感染再接種卡介苗。
> 4. 若寶寶想提早接種卡介苗，建議體重應達 2500 公克以上。

> CHECK
>
> **小提醒：卡介苗注意事項**
> 卡介苗有時候可能誘發淋巴結腫大，或是極低機率的骨髓炎。若 3 個月後卡介苗位置仍然紅腫化膿，或是同側腋下、頸部有淋巴結腫大情形，一定要記得就醫看看喔。

流感疫苗

接種時辰：滿 6 個月大後，每年注射一次（8 歲以前首次接種要打兩針）。

接種可能副作用：注射部位紅腫、酸痛，偶爾有發燒，一般 48 小時以內緩解。

附註：6 個月以下的寶寶會建議全家接種保護寶寶，哺餵母乳的媽媽也可以接種喔。

水痘疫苗

接種時辰：1 歲、4 ～ 6 歲（自費項目）。

接種可能副作用：注射部位局部腫痛。少數可能再注射後 5 ～ 26 天出現類似水痘的水泡。

附註：由於水痘抗體成長時會逐漸降低，容易在中小學產生突破型感染，建議在小學前（4 ～ 6 歲）另自費接種一劑，減少水痘感染、及日後產生帶狀皰疹風險。

麻疹腮腺炎德國麻疹混合疫苗

預防疾病：麻疹、腮腺炎、德國麻疹。

接種時辰：1 歲、五歲至小學前

接種可能副作用：接種後 5 ～ 12 天，可能產生疹子、咳嗽、鼻炎或發燒等症狀。

日本腦炎活性減毒疫苗

接種時辰：12 ～ 15 個月，間隔一年第二劑。

接種可能副作用：可能有注射部位紅腫熱痛情形，少數於接種後 3 ～ 7 天出現發燒、肌肉無力、肌肉疼痛、頭痛情形，數天內即會回復。

附註：臺灣目前接種的為活性減毒疫苗，若在國外有接種非活性的日本腦炎疫苗，建議在臺灣補接種活性以增加保護力。

A 型肝炎疫苗

接種時辰：12 ～ 15 個月，間隔 6 個月第二劑。

接種可能副作用：少有副作用。

附註：A 型肝炎於 106 年後列為公費項目，如果有此以前出生可以考慮自費接種。

四合一混合疫苗

預防疾病：白喉、破傷風、百日咳、小兒麻痺

接種時辰：5 歲以上

接種可能副作用：常有接種部位腫痛現象，一般一～兩天恢復。

CHECK

小提醒：新冠肺炎疫苗

年幼的孩子在感染新冠肺炎（COVID-19）時通常病情較輕，但仍有些孩子會出現重症及死亡。目前建議在 6 個月以上的小嬰兒可以接種新冠肺炎疫苗。目前衛福部核准於兒童施打的疫苗有 BNT 疫苗及莫德納次世代疫苗。家長如果要接種前都可以和您的醫師詢問喔！

常規疫苗	剛出生	1 個月	2 個月	4 個月	5 個月	
B 型肝炎疫苗	第一劑	第二劑				
五合一混合疫苗			第一劑	第二劑		
13 價結合型肺炎鏈球菌疫苗			第一劑	第二劑		
卡介苗					第一劑	
流感疫苗						
水痘疫苗						
麻疹腮腺炎德國麻疹混合疫苗						
日本腦炎活性減毒疫苗						
A 型肝炎疫苗						
四合一混合疫苗						
自費疫苗						
輪狀病毒疫苗			第一劑	第二劑		
B 型流行性腦脊髓膜炎四成份疫苗			第一劑	第二劑（與第一劑間隔 2 個月）		
71 型腸病毒疫苗			第一劑	第二劑（與第一劑間隔 1〜2 個月）		

6個月	一歲	15個月	18個月	21個月	27個月	滿四歲	滿五歲
第三劑							
第三劑			第四劑				
第三劑（自費）	第四（三）劑						
第一劑（滿六個月後，每年十月份左右施打，首年兩劑）							
	第一劑					第二劑（自費）	
	第一劑						第二劑
		第一劑			第二劑		
	第一劑		第二劑				
							第一劑
第三劑（三劑型）							
	第三劑						
	第三劑（三劑型）						

✦ 自費疫苗接種

輪狀病毒疫苗（分為二劑型、三劑型）

預防疾病：輪狀病毒（病毒性腸胃炎）。

接種時辰：兩劑時程為出生滿 2、4 個月（最後 1 劑不得晚於出生後 24 週接種）。三劑時程為出生滿 2、4、6 個月（最後一劑不得晚於出生後 32 週接種）。

接種部位：口服使用。

接種可能副作用：可能輕度腹瀉。

B 型流行性腦脊髓膜炎四成份疫苗

預防疾病：腦膜炎雙球菌（2 個月以上寶寶均可考慮接種腦膜炎雙球菌疫苗，尤其是嬰幼兒以及密集團體生活者）。

接種時辰：2 個月以後，按接種開始時間，2 歲以前三劑，2 歲以後兩劑。

接種可能副作用：注射部位疼痛腫脹、皮疹、發燒、輕度腹瀉，多數於 1 ～ 3 天內可緩解。

71 型腸病毒疫苗

預防疾病：71 型腸病毒（目前有國光廠的兩劑型，及高端廠的三劑型）。

接種時辰：2 個月後到 6 歲前注射二～三劑。

接種可能副作用：局部疼痛，發燒或疲勞感。

How to Care for a Newborn

新生兒代謝疾病
篩檢看什麼？

　　新生兒於出生滿 48 小時後會於出生院所採集足跟血進行新生兒代謝疾病篩檢。臺灣有三個機構負責此業務：臺大新生兒篩檢中心、臺北病理中心、衛生保健基金會，三者的業務範圍依地區劃分。於 2019 年 10 月起篩檢項目已增至 21 項，其中發生率最高的 2 項疾病為蠶豆症及先天性甲狀腺低下，以下簡單介紹：

蠶豆症（葡萄糖 -6- 磷酸鹽脫氫酶缺乏症，G6PD 缺乏症）

● 發生率：在臺灣約 1 ～ 3%，男寶寶發生率較高。

● 致病原因：保護紅血球免受氧化破壞的酵素功能缺乏，因此每當接觸特定物質，會讓患者的紅血球破裂而有相關症狀產生。

● 注意事項：蠶豆症無法痊癒，但只要避免生活中接觸到

CHAPTER 1 寶寶來了好緊張，寶寶正常生長大全科　087

特定物質（如蠶豆、樟腦、萘丸等）、看診時攜帶蠶豆症
備忘卡提醒醫師即可。

✦ 先天性甲狀腺低下

- 發生率：在臺灣每 5000 至 6000 人約有 1 位。
- 致病原因：若嬰幼兒期缺乏甲狀腺素，可能導致神經發育
  遲緩以及生長遲滯（俗稱「呆小症」）。
- 注意事項：治療有「黃金期」，若能早期診斷給予甲狀腺
  素補充，將可避免智力障礙產生。

表一、21 項篩檢指定項目

葡萄糖六磷酸鹽去氫酶缺乏症	瓜胺酸血症第一型
先天性甲狀腺低能症	瓜胺酸血症第二型
先天性腎上腺增生症	3 羥基 3 甲基戊二酸尿症
半乳糖血症	全羧化酶合成酶缺乏症
苯酮尿症	丙酸血症
高胱胺酸尿症	原發性肉鹼缺乏症
楓漿尿症	肉鹼棕櫚醯基轉移酶缺乏症第一型
中鏈醯輔酶 A 去氫酶缺乏症	肉鹼棕櫚醯基轉移酶缺乏症第二型
戊二酸血症第一型	極長鏈醯輔酶 A 去氫酶缺乏症
異戊酸血症	戊二酸血症第二型
甲基丙二酸血症	

常見問題 Q&A：

Q 新生兒篩檢是否有費用？自費項目要不要做？

- 國健署建議寶寶均應接受 21 項指定新生兒篩檢項目；在醫護人員解釋後若無主動拒絕就視為同意篩檢。政府依民眾身分不同，提供不同額度的新生兒篩檢部分補助；因此就算是政府建議的篩檢項目也可能會有自付額。

- 目前各篩檢機構有提供自費項目可選擇（但項目略有不同，共有項目如表二）。出生院所會提供這些項目的介紹單張，家長可加選提供寶寶更完善的保障。

表二、自選項目

自選項目	發生率
• 溶小體儲積症（龐貝氏症、法布瑞氏症、高雪氏症、黏多醣症）	總發生率 1/5,000-1/10,000
• 嚴重複合型免疫缺乏症（Severe combined immunodeficiency, SCID）	1/66,000-1/80,000
• 脊髓肌肉萎縮症	1/10,000-1/25,000
• 生物素缺乏症	1/61,000
• 裘馨氏肌肉失養症	1/3,000-1/6,000
• 腎上腺腦白質失養症	1/17,000-1/25,000

Q 寶寶做完篩檢後多久會接到檢驗結果？接到異常結果的處理方式？

● 檢驗結果可在出生後約 2 週於各機構網站查詢，若結果正常則不主動通知家屬。

● 各項檢驗結果分陰性、疑陽性、陽性三類。被通知疑陽性的爸爸媽媽先不用緊張，為了提高篩檢罕病的靈敏度，會將檢驗數值稍高的歸為疑陽性再做複檢，不代表寶寶就有異常（尤其以先天性腎上腺增生症的疑陽性最多）

● 若結果為疑陽性或陽性，篩檢中心都會通知為寶寶抽血的原醫療院所，再由醫療院所轉知家屬後續的複檢或確認方式。

Q 打卡介苗前要看自費項目 SCID 結果？是否不做不能打？

● 嚴重複合型免疫缺乏症（SCID）：患者的免疫系統缺損，無法抵抗病毒及細菌感染，在嬰兒期即有可能因嚴重感染而死亡。

● 患有嚴重複合型免疫缺乏症的孩子給予活性疫苗是禁忌症，可能反而感染疫苗中的活菌。依現行疫苗注射最先會遇到的是卡介苗，因此注射前會告知家屬先查詢 SCID 的檢驗結果。

● 但因其發生率低且為自費選項，未做此篩檢的父母也無須憂慮，按照常規時程注射卡介苗即可。

Q 篩檢包括寶寶血型嗎？

● 血型不包含在新生兒篩檢，若很想知道寶寶血型請詢問出生醫院是否可自費加驗。

Q 擔心驗出異常會影響保險，是否可以等保險完再做呢？

● 代謝疾病篩檢是希望能及時診斷有先天代謝異常疾病的孩子並給予治療，如果因保險而延誤，可能會錯失時機而失去篩檢意義喔！

● 金管會在 2012 年特別說明，關於新生兒保險的契約條款應明定新生兒篩檢之相關疾病排除等待期間規範。若篩檢結果為陽性，應視個別狀況延期承保或以其他適當方式處理，不宜逕行拒保，以避免影響新生兒投保權益。

How to Care for a Newborn

生長手冊好複雜，
怎麼使用呢？

在臺灣，每個寶寶出生之後都會拿到一本「兒童健康手冊」，這本像是工具書，裡面不僅有寶寶的出生紀錄、疫苗紀錄、生長里程碑，還有看診後醫師的成長紀錄，務必保留到五歲以後喔！這邊來介紹一下手冊的一些眉眉角角吧！

疫苗預約時辰

這幾頁拉頁就是俗稱的「黃卡」，裡面記載著寶寶各種打疫苗的時辰，第一劑 B 型肝炎在醫院就會注射完成，其他的就要請家長多留意時間囉！注意這邊主要是公費疫苗的部分，自費的疫苗須詢問接種的地方有沒有提供，照著打就不會漏掉了。

適合 接種年齡	疫苗種類	劑次	預約 日期	接種 日期	接種 單位
出生24小時內 儘速接種	B 型 肝 炎 免 疫 球 蛋 白	一劑	接種 ___年___月___日 時間 _____時_____分		
	B 型 肝 炎 疫 苗	第一劑	接種 ___年___月___日 時間 _____時_____分		
出生滿1個月	B 型 肝 炎 疫 苗	第二劑			
出生滿2個月	13 價 結 合 型 肺 炎 鏈 球 菌 疫 苗	第一劑			
	白喉破傷風非細胞性百日咳、b型嗜 血桿菌及不活化小兒麻痺五合一疫苗	第一劑			
出生滿4個月	13 價 結 合 型 肺 炎 鏈 球 菌 疫 苗	第二劑			
	白喉破傷風非細胞性百日咳、b型嗜 血桿菌及不活化小兒麻痺五合一疫苗	第二劑			
出生滿5個月	卡 介 苗 *	一劑			
出生滿6個月	B 型 肝 炎 疫 苗	第三劑			
	白喉破傷風非細胞性百日咳、b型嗜 血桿菌及不活化小兒麻痺五合一疫苗	第三劑			
出生滿 6個月至 12個月	流 感 疫 苗 （每年10月起接種）	第一劑			
	流 感 疫 苗 * * （初次接種需接種第二劑）	隔4週 第二劑			
出生滿12個月	若母親為B型肝炎s抗原陽性者，寶寶應檢測B型肝炎表面抗原(HBsAg)及表面抗體(anti-HBs)。				

資料來源：衛生福利部中央健康保險署

小提醒

如果手冊掉落，可以考慮到衛生處做補登喔！如果寶寶有出國回國的需求也可以申請疫苗接種的證明，才不會多打或漏打喔！

✦ 新生兒篩檢紀錄

　　這邊就是粉紅卡的部分，裡面提供了寶寶出生後做的新生兒篩檢、聽力篩檢、髖關節、大便卡篩檢、牙齒塗氟的紀錄，務必確認寶寶的紀錄都有詳實記載喔！

新生兒篩檢紀錄表

	補助項目		補助時程／建議時程	檢查日期（預計採檢日期）	採集／檢查院所	結果
新生兒先天性代謝異常疾病篩檢	初檢	一般個案	出生一個月內／出生滿48小時，且哺乳滿24小時			□無異常 □異常 □拒篩／未篩
		特殊個案（禁食、輸血、早產兒）	出生滿48-72小時			
	複檢	初篩異常	依篩檢中心建議執行			□無異常 □異常 □拒篩／未篩
		禁食	哺乳滿24小時			
		輸血	停止輸血後7天			
		早產兒 出生週數未滿34週	出生滿28天			
		出生週數未滿37週	出生週數滿37週且體重滿2,200克或出院時			

補助項目	補助時程／建議時程	檢查日期	檢查院所	結果
新生兒聽力篩檢	出生3個月內／出生72小時			左耳：□通過 □不通過 □拒篩／未篩
				右耳：□通過 □不通過 □拒篩／未篩
髖關節篩檢	無補助／出生6個月前			□正常 □不正常 □不確定
大便卡篩檢第一次	無補助／出生滿1週內			□正常 □異常 □拒篩／未篩
大便卡篩檢第二次	無補助／出生滿1個月 接種B肝疫苗第二劑時			□正常 □異常 □拒篩／未篩

✦ 寶寶生長曲線圖

　　這邊提供了寶寶成長非常重要的生長曲線圖，記得這張圖分為男孩以及女孩的版本，這是 WHO 跨國合作以正常同年齡的寶寶繪製的圖，可以幫寶寶每次回診記錄到的生長數值畫在上面，橫軸是年齡，縱軸是身高體重跟頭圍的部分，從上而下有五條線，分別為同年齡層之第 97 百分位、第 85 百分位、第 50 百分位、第 15 百分位及第 3 百分位，數字越大表示越高或越重。在 3 〜 97 個百分位都屬於正常的區間。

CHECK

小提醒

看成長曲線圖，最重要的是看寶寶有沒有沿著自己的曲線成長，如果半年掉了兩個生長區間，或是生長停滯不前，或是生長曲線掉到第 3 個百分位以下，可能建議就醫看營養攝取或是內分泌的檢查喔。

兒童生長曲線百分位圖（女孩）

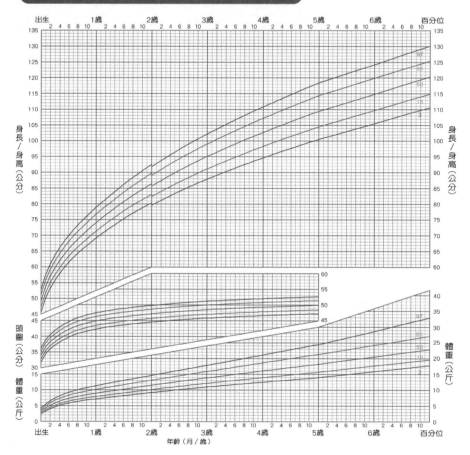

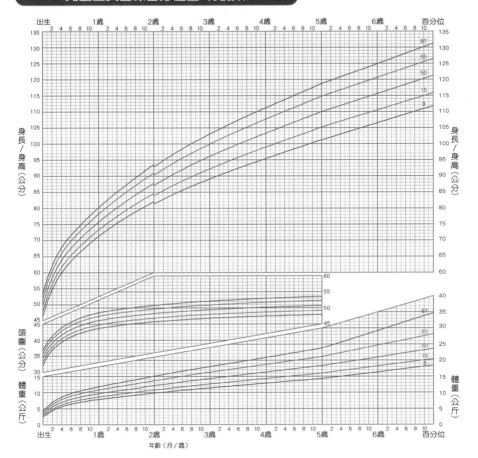

兒童生長曲線百分位圖（男孩）

資料來源：衛生福利部中央健康保險署

大便卡怎麼看？

這張大便紀錄卡，裡面總共有 9 種顏色，顏色偏灰偏白的是異常的顏色，可能要就醫檢查有沒有肝膽方面的問題，並同時抽血監測膽色素跟直接膽色素，偏黃偏綠的顏色是正常的，有些寶寶喝配方奶的顏色會更墨綠一點也屬正常的喔！

衛教分段大集錦

每次打疫苗看診時，要詳細填寫發展紀錄跟衛教完成與否，若有無法完成的一定要告知醫生喔！

手冊裡面也包含了各式各樣的衛教，包括視力篩檢（新版也附上了視力檢測圖）、口腔衛生習慣養成、事故預防、睡眠習慣等，非常適合每次等打針看診時翻閱！

解鎖新技能！
寶寶正常發展一次看

✦✦ 什麼是發展？

　　成長（growth），指的是身高、體重、頭圍等「體積」由小到大的變化，而發展（development）是指「行為功能」由簡至繁的過程。看著孩子逐漸學會各種能力是爸媽最有成就感的時候了！醫師在評估孩子發展會分成四個面向，包含：

- 粗動作（抬頭、翻身、站立）。
- 細動作（抓東西、捏物品、畫畫）。
- 語言與認知（發聲、說話、辨別命名）。
- 身邊處理及社會性（怕陌生人、穿脫衣物、和其他孩子玩）。

✦✦ 寶寶的發展里程碑

儿童健康手冊內有一份詳細的兒童發展連續圖，我們將其中 0 ～ 1 歲的發展里程碑整理如下表：

	粗動作	細動作	語言與認知	身邊處理及社會性
1個月	• 俯臥頭稍微抬離床面			
2個月	• 俯臥可抬頭至 45 度 • 拉扶坐起，只有輕微的頭部落後		• 轉頭偏向音源	• 逗他會微笑
4個月	• 坐姿扶持，頭部幾乎一直抬起 • 俯臥可抬頭至 90 度 • 抱直時，脖子豎直頸保持在中央	• 手會自動張開 • 常舉手作「凝視手部」 • 當搖鈴被放到手中會握住約一分鐘	• 有人向他說話會咿呀作聲	• 雙眼可凝視人物，並追尋移動之物品 • 會對媽媽親切露出微笑

	粗動作	細動作	語言與認知	身邊處理及社會性
6個月	• 會自己翻身 • 可以自己坐在有靠背的椅子上	• 雙手互握在一起 • 手能伸向物體 • 自己會拉開在他臉上的手帕	• 哭鬧時,會自己因媽媽的撫聲而停哭 • 看他時,會回看你的眼睛	• 餵他吃時,會張口或用其他的動作表示要吃
9個月	• 不須扶持,可坐穩 • 獨立自己爬(腰部貼地,匍匐前進) • 坐時,會移動身體挪向所要的物體	• 將東西由一手換到另一手 • 用兩手拿小杯子 • 自己會抓住東西往嘴裡送	• 轉向聲源 • 會發單音(如ㄇㄚ、ㄅㄚ)	• 自己能拿餅乾吃 • 會怕陌生人
1歲	• 雙手扶著傢俱會走幾步 • 雙手拉著會移幾步 • 拉著物體自己站起	• 拍手 • 會用拇指和食指捏起小東西 • 會把一些小東西放入杯子 • 會撕紙	• 以揮手表示「再見」 • 會摹做簡單的聲音	• 叫他,他會來 • 會脫帽子

CHECK

小提醒

若孩子為早產兒,孩子的發展要以矯正年齡評估到 3 歲。早產兒本身即為發展遲緩的高風險族群,因此爸爸媽媽需更加留意孩子的狀況。

我的孩子有發展遲緩嗎？

每個孩子都是獨特的，會因遺傳與環境影響而有發展快慢差異。以上所列是平均該年齡所具有的能力，只要在平均前後一定時程內發展出來都算正常，且這也不代表孩子優秀與否喔！

什麼樣的情形需擔心孩子有發展遲緩呢？從 4 個月大起，可注意到發展連續圖出現「警訊時程」，這代表 90% 的孩子於此年齡前已具備這項能力，即須開始留意；此外，兒童健康手冊內的家長記錄事項可見部分選項為紅色標註之「警訊題」，非常建議父母於回診前先行評估孩子的狀況，若尚未做到務必與醫師討論。

4 個月開始，發展連續圖以及各年齡家長記錄事項開始出現「警訊時程」及「警訊題」，提醒爸爸媽媽注意寶寶發展遲緩的問題。

語言發展與親子共讀

● 語言發展是較常在門診注意到的發展問題。在排除聽力障礙、智能不足、自閉症、腦傷等之後，環境刺激不足常是可能原因之一。

● 父母能夠做什麼刺激孩子的語言發展呢？除了提早進幼兒園與同齡孩童互動外，從小開始的親子共讀也有幫助喔！掌握幾個原則：

■ 從 0 歲開始，最早更可以從胎教就開始。

■ 掌握對話式共讀的技巧。

■ 尋找家中舒適的共讀位。

■ 不需要硬性規定時間，幾分鐘亦有效果喔。

■ 由少而多，慢慢加長，養成讀書習慣。

■ 不要過度約束孩子，讓孩子開心共讀。

聽力檢查：
醫院通知聽力篩檢有問題，我該怎麼處理呢？語言發展慢是不是聽力異常造成的？

✦ 什麼是新生兒聽力篩檢呢？

寶寶出生後，醫院會為新生兒們進行「新生兒聽力篩檢」。在現今的臺灣社會中，就算有精密的產前檢查，但仍然有一些遺傳性的聽力損傷案例出現，平均約 1000 位新生兒中，會有大約 3 位左右的中重度聽力障礙。這些小朋友，如果沒有盡早發現，治療上也會被延遲，更甚至會影響到後續的語言發展。所以現在每家醫院或婦產科診所合作的特約機構會在出生24 ～ 72 小時間為寶寶們執行。

✦ 聽力篩檢有異常，怎麼辦？

門診中家長最擔心就是這個問題了。目前各家醫院使用的儀器是所謂「自動聽性腦幹反射」（AABR），操作時間約 5～10 分鐘。但，顧名思義，這只是醫院迅速為所有小嬰兒做的檢查，也當然會有所謂的「偽陰性」、「偽陽性」。沒有通過篩檢不等於沒有聽力，但您的兒科醫師會幫您的小寶貝進行複檢，必要時也會轉介到兒童耳鼻喉科或神經科做進一步檢查。

要確定聽力有問題前，醫生會觀察小朋友對於聽力的反應，必要時會進行「診斷式聽性腦幹反應」，另外家長們也要留意有沒有相關的家族史及藥物病史，都可以提供給醫師做診斷參考喔！

CHECK
小提醒
聽力篩檢異常不等於聽力一定有問題喔！醫生會幫小寶貝複檢追蹤！

✦ 我該為小朋友安排聽損基因篩檢嗎？

剛剛也有提到，「自動聽性腦幹反射」是小朋友剛出生聽力的「篩檢」第一關。「篩檢」通過也不表示聽力完全正常。如果有相關危險因子（如下表），可以考慮新生兒「聽損基因篩檢」。

下面是比較常見的聽力異常危險因子：

聽障家族遺傳史	出生後接受耳毒性抗生素
嚴重黃疸	產前篩檢異常，如唐氏症
新生兒感染	頭頸部（含外耳及耳道）外觀異常
早產兒	懷孕前期感染（如德國麻疹，病毒性感冒）

講了很多狀況，但新生兒的先天性聽力損傷並非不可治療的。只要保握黃金發現期「3個月」，並在「6個月內」及早復健和後續的治療（包括人工助聽器或人工耳蝸），都可以達到接近正常的語言及身心發展。

✦ 如何在黃金發現期3個月內發現小寶貝可能聽不到呢？

發現問題的關鍵在於每天觀察小朋友對於聲音的反應。在每次常規健兒門診中，醫生都會仔細檢查小朋友的聽力情形。

在這邊提供一些小訣竅給各位：

1. 小朋友在3個月大前，聽到很大的聲音會出現「驚嚇反射」，看起來像嚇一跳的樣子，有時候甚至會緊張的發出「眨眼」反應。

2. 6個月左右的小朋友，這時候我們可以使用哨口玩具，來看看小朋友是否會轉頭尋找聲音在哪裡，如果都正常，那就通過囉！

✦ 聽力篩檢都過了，可是講話慢半拍？

門診另一個問題是長大的小孩，可是卻遲遲不肯開金口，或是一直口齒不清。聽力跟語言是息息相關的，語言發展不好，門診醫師會評估小朋友的狀況來看看小朋友有沒有聽力的問題造成語言發展遲緩。

家長們可以善用健兒手冊的後面附表，來看看小朋友語言的發展狀況，是不是要轉介復健科或兒童神經科評估。

CHECK

小提醒：聽力篩檢

1. 小嬰兒出院前確定新生兒聽力篩檢做了沒？有沒有通過？
2. 通過後也要持續觀察小嬰兒對聲音的反應（使用哨口玩具）。
3. 如過語言發展慢也要考慮聽力的問題，請醫師評估轉介。

面對聽力及語言的困擾，黃金期內發現問題，你也做得到！

How to Care for a Newborn

視力檢查：
炯炯有神大眼睛，
裡面藏什麼祕密？

眼睛是人類的靈魂之窗，寶寶的眼睛問題也是困擾家長的排行榜之冠。讓我們來認識寶寶的視力發展吧！

✦ 嬰兒的視力如何發展？我在家可以怎麼訓練寶貝的視力發展呢？

視力發展在小嬰兒身上是循序漸進的。剛出生的新生兒，視線是模糊的，也因此很多門診醫師會跟你說他剛出生，目前是大近視。接下來讓我們來認識寶寶的大眼睛，看出去的世界是怎樣的吧！也會教導各位父母親在各個階段可以怎麼訓練小寶貝的視力發展。

剛出生時	
視力發展	視力範圍大約 30 公分左右。視野（眼睛看出去的角度）也很侷限，只能看到眼前的東西靠近而已。看出去只有黑白及明暗。
訓練	爸媽們可以提供黑白色卡和畫有人臉、眼睛的圖片來幫助寶貝視力發展。

滿月時	
視力發展	眼皮可以張開了，能夠短暫凝視物體。可以留意人的面孔和對比強烈的黑白圖案。研究顯示給予黑白色卡可以幫助小嬰兒視力發展。
訓練	爸媽們可以提供黑白色卡和畫有人臉、眼睛的圖片來幫助寶貝視力發展。

3 個月大	
視力發展	眼睛可以「固視」。爸爸媽媽在眼前,可以看著爸媽的臉。漸漸可看到顏色了(紅色、黃色、藍色等),也喜歡比較複雜的圖案。
訓練	除了黑白色卡外,也可以慢慢多準備不同種顏色的色卡,鍛鍊寶寶的辨色能力。

6 到 8 個月大	
視力發展	能夠分辨人的樣貌了,這時候,也會開始發展出「追視」的能力了。開始會伸手抓取想要的東西。
訓練	多讓小寶貝看看不同事物,看看色彩繽紛的圖畫書,培養親子共讀能力。

滿周歲	
視力發展	這時候還是大近視,視力大約 0.3,但可以手眼協調,雙眼併用,判斷距離。開始走路更穩定了。
訓練	觀察小朋友走路狀況,多帶小寶貝外出活動,多給寶寶讀書及聊天。

✦ 3 歲才能做視力檢查，我要如何提前發現小朋友有視力問題呢？

目前兒科醫學會及眼科醫學會都建議 3 ～ 4 歲時要帶小朋友至眼科門診進行第一次的視力檢查。當發現問題有時候仰賴父母跟醫生的雙向合作。

視力檢查方面，剛出生時會著重於外觀的檢查，長比較大後才是視力的發展里程。兒科健兒門診時，醫師會詢問父母的狀況，如果無法達成下面的里程，要給眼科醫師做進一步追蹤喔。

年齡	發展里程	我家寶貝做到了
剛出生	外觀檢查（沒有眼瞼問題，白瞳，眼球顫動，結膜炎）	V
滿月	眼睛可以張開，沒有明顯內斜視或外斜視	V
3 個月	可以「固視」。寶貝可以盯著父母看。	V
6 到 8 個月	可以「追視」。可以伸手抓東西了	V
滿周歲	學習走路。走路不會一直跌倒。	V
滿 2 歲	好奇寶寶。跑跳都可以了。	V
滿 3 歲	來安排個視力檢查吧。	V

小提醒：視力

1. 寶寶回家時仔細觀察眼睛外觀有無可辨認的異常？
2. 成長過程視力發展有沒有達標？
3. 3 歲來看眼科醫師，做個正式視力檢查吧。

何時要安排視力檢查呢？

　　眼睛檢查是非常重要的，在 3 歲以上的小朋友，因為心智理解較為成熟，爸媽可以在家中教導孩子看看視力表的缺口方向（如 C 或 E 的缺口），可以配合後建議滿 3 歲時可以接受第一次的視力檢查。

　　但如果是 3 歲以下的幼童常有揉眼或家中成員有高度近視、散光或弱視等也可以考慮接受「嬰幼兒專用手持式驗光機」檢查。操作方式類似照相機，讓父母抱著寶坐著，而驗光機會發出亮光及類似小鳥的聲音，一方面在安撫小朋友的狀況下，一面拍照，拍照後就可以馬上知道小孩的視力度數囉！

2

優游寶寶世界，新生兒常見問題大集錦

照顧寶寶的時候，通常會遇到各種問題，是不是常常很多困惑呢？這一章節會開始逐步介紹寶寶會遇到的各種小問題，從頭到腳大揭密，還包括各種皮膚、尿布疹怎麼發生跟怎麼應對；腸胃道症狀也是最常被詢問到的問題，各種腸胃道症狀一次弄清。

寶寶變成小胡蘿蔔？
淺談新生兒黃疸

寶寶變得黃黃的，是所有照顧者在門診時醫師一定會特別檢查跟詢問的，今天要來跟大家聊聊新生兒黃疸。

✦ 什麼是黃疸呢？形成的原因是什麼？

嬰兒出生後，為了適應新環境，要把媽媽肚子裡的紅血球分解掉。而這些紅血球分解後的物質，會代謝成膽紅素，並且在肝臟進一步分解，最後排出體外。看似很正常的流程，可是

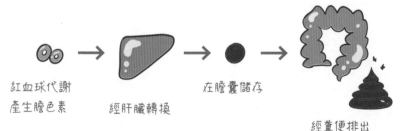

紅血球代謝　　　　　經肝臟轉換　　　　　在膽囊儲存　　　　　經糞便排出
產生膽色素

新生兒因為本身身體狀況（例如紅血球壽命短，肝臟結合功能較不成熟等等），會使得分解及排出的過程不太順利，而造成膽紅素在體內過多，造成全身變小胡蘿蔔的狀況，這就是我們俗稱的黃疸。

由於黃疸數值過高可能會造成嬰兒腦部受傷（核黃疸），所以有時需要積極處理喔！必要時會採取照光或是換血治療。

✦ 新生兒黃疸多少要照光呢？

剛剛有提到，黃疸是因為新生兒本身身體狀況造成排出不佳而看起來黃黃的。但是，這是階段性的過程。隨著慢慢長大，黃疸會慢慢消退。

> **CHECK**
> **小提醒：新生兒生理性黃疸口訣**
> 新生兒黃疸：3 天開始，5 天最高，7 天後開始下降。

黃疸多少要照光，會依據新生兒出生的天數，週數大小，及出生體重來衡量。檢測黃疸的儀器，現在月子中心或是醫院都有經皮測量黃疸的機器，一旦發現數值異常，則會搭配抽足跟血確定膽紅素數值高低。

✦✦ 什麼是病理性黃疸呢？

跟剛剛提的生理性黃疸不同，病理性黃疸則可能有特別的原因要檢查出來。

造成病理性黃疸原因很多，包括：

1. 母嬰血型不合，造成紅血球溶血過多，膽紅素快速增加。

2. 餵食量不足，造成脫水。

3. 身上瘀血（例如頭血腫，腦部出血等）造成膽紅素增加。

4. 肝臟功能異常，造成新生兒肝炎。

5. 膽汁排出阻塞，例如膽道閉鎖。

6. 遺傳性疾病，如蠶豆症，造成紅血球不穩定，容易被分解。

7. 感染。

上面這些問題都有可能造成病理性黃疸，要找到原因並迅速治療喔。

✦喝母奶會造成黃疸嗎？

近來母奶哺餵率增加，而國內外的報告皆指出哺餵母奶的小孩也有較高的機會有較久的黃疸，甚至到第 2 到第 6 週都還會出現。目前母奶造成黃疸原因還不是特別清楚，可能跟母奶中的物質影響膽紅素的攝取與結合有關。不過，母乳造成的黃疸其實是個暫時的現象，短暫停止母奶餵食後，大約 2～3 天黃疸數值會下降，媽媽們不必太過擔心。

✦1 個月大還有黃疸要注意什麼嗎？

除非很確定是母奶造成的晚發性黃疸，要不然 1 個月大時黃疸應該退的差不多了！在滿月前，媽媽要仔細觀察大便的顏色（可以參考寶寶手冊的大便卡），若是顏色不是呈現正常的 7～9 號，則要做進一步檢查排除膽道閉鎖可能性。

另外，滿月時若還有黃疸，醫師也會根據臨床狀況抽血檢查，排除相關的問題喔！

囟門什麼時候關閉呢？
寶寶頭型要矯正嗎？

寶寶的顱骨構造

寶寶出生時顱骨是由多塊骨板組成，各塊骨板間仍有骨縫，在前後形成菱形的兩個區域，稱作前囟（念ㄒㄧㄣˋ喔！）門與後囟門。照顧寶寶時，務必注意頭部上不能重壓跟放置尖銳物品喔！

由於這些縫隙，寶寶頭型具有極大的可塑性，讓媽媽生產時，胎兒頭部可稍微變形使其更容易通過產道；此外，寶寶的腦部體積在 2 歲前會增加四倍，留有骨縫可讓腦部有足夠的空間發育喔！

後囟門約於 2 個月大時關閉，而前囟門平均於接近 2 歲時關閉。在前囟門尚未關起前，它的凹與凸可提供醫師評估寶寶

是否有脫水或有腦壓偏高的情形；另外，醫師也可從前囟門執行腦部超音波。若前囟門關閉這些就沒辦法做了喔（會再藉由別的方式評估寶寶）！

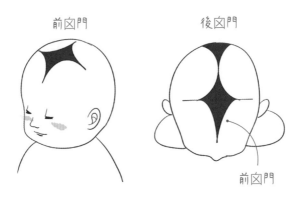

前囟門　　　　　　後囟門

前囟門

✦頭型不正的原因

因寶寶頭部具有可塑性，其受力不對稱時頭型也會隨之變化。最常見情形是生產過程中使用器械或真空吸引幫忙，產後頭型容易有明顯變化，但在隨後的數週內頭型就會逐漸恢復了；此外，有些寶寶是因後天的仰睡以及特定偏好的頭部擺位，導致後續的頭型變化。

還有什麼因素會影響到頭型呢？			
第一胎	出生體重較重	早產	男生
斜頸	骨縫提早癒合	唐氏症	

✦ 如何避免頭型不正產生？

雖然仰睡易造成頭型不正，但我們並不鼓勵趴睡或側睡，因為趴睡跟側睡會增加嬰兒猝死的風險喔（很重要）！我們可以用些小方法讓頭部受力更加平均：

1. 注意不要讓頭部特定偏向某側睡，適時幫寶寶重新擺位。
2. 定時床頭、床尾位置調換。因寶寶可能被床周圍特定方向的刺激吸引而長時間偏向一側，約 1 週一次的調換可以讓兩側更平均。
3. 有大人在旁的時候，可以讓寶寶趴著玩（Tummy time），以減少後枕部的受力，也可訓練頸部肌肉。

CHECK

什麼是 Tummy time ？

Tummy time 字面上為「肚子的時間」，是指有大人在旁且寶寶清醒的時候，維持寶寶趴姿促進運動。研究證實可增進動作發展以及減少頭型不正的產生喔！WHO 建議當寶寶還不能到處趴趴走時，可維持每天至少 30 分鐘的 tummy time。

訓練抬頭力氣

強化核心肌群

幫助視力平衡

幫助腸胃蠕動消化

增加手臂協調

✦ 頭型已經歪歪了，該怎麼處理呢？

上述保守方式仍可先嘗試，多數的頭型在受力平均後就會逐漸改善，不用特別治療。尤其當寶寶 4 ～ 6 個月時開始練習翻身後，頭型又會再一起變化喔！家長們可好好把握這段黃金時期多跟孩子互動！

少數寶寶 2 至 4 個月大後頭型還是嚴重歪斜或合併斜頸，可以合併物理治療加強效果；若超過 8 個月大頭歪還是很明顯，或約 6 個月大合併對擺位或物理治療效果不佳，可至神經外科詢問醫師建議，考慮開始使用塑型頭盔治療。

CHECK
小提醒

市面上雖可見矯正頭型枕頭，但不建議使用，因為 1 歲以下嬰兒在睡眠環境中存在鬆軟物會增加猝死風險；另外，寶寶頭的後枕部本來就比成人突出，若再用枕頭墊高會讓寶寶睡得不舒服。

How to Care for a Newborn

寶寶皮膚問題大解密

皮膚是我們人體最大的器官。小嬰兒的稚嫩肌膚上,往往有著各式各樣的疹子,都讓許多爸爸媽媽們十分焦慮。但是,大部分小嬰兒的皮膚反應都是良性的變化。造成的原因很多,但不外乎是嬰兒肌膚敏感、油脂分泌異常所造成的皮膚反應。這些大部分都會自行改善,除非是症狀嚴重或懷疑有皮膚感染時才會考慮藥物治療。

下面,我們會依出現的時序來介紹,帶大家一起認識寶寶的皮膚問題吧:

✦ 蒙古斑

蒙古斑是東方人很常見的良性色素斑,通常出現在背後腰部與屁股處,呈現藍黑色的斑塊。這是因為黑色素細胞在表皮層堆積所致。蒙古斑通常在 7 ～ 8 歲前消失。

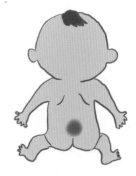

✦ 生理性脫皮

小嬰兒在出院後皮膚常會呈現皺巴巴的情況，甚至更嚴重者出現脫皮。這些是屬於正常生理現象，會自行改善。必要時可給予嬰兒油及乳液使用。

✦ 嬰兒粟粒疹

剛出生的小嬰兒常常在臉上看到許多 1 ～ 2mm 白白淡淡的丘疹，通常在前額、鼻子或臉頰處出現。造成的原因可能和皮脂腺增生及角質代謝異常有關係，不需要擠壓，通常 1 ～ 2 個月左右會消失。

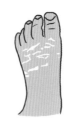

✦ 新生兒毒性紅斑

毒性紅斑是很常見的新生兒皮膚表現，在軀幹出現許多散在性的紅疹或水泡。為新生兒的良性反應。在 3 ～ 4 天大開始出現，數天內會消失。

✦ 鮭魚色斑

小嬰兒的後頸部或眼瞼偶爾會看到不規則的淡紅色平坦斑塊，邊緣清晰輕壓變淡，這是俗稱的鮭魚色斑，或是西方人俗稱的天使之吻（前額處）、送子鳥的咬痕（後頸部）。淡紅色斑塊的成因是由於局部血管增生。遇到這種情形大多不需治療，多數在 1 歲以前會自行消失。

✦ 嬰兒血管瘤

嬰兒血管瘤有分成深層、淺層或是混合型，臨床上最常看到膨出的草莓血管瘤，像顆草莓一樣突出鮮紅色的團塊，有時候也會看到暗紫色的深層血管瘤。這些斑塊的成因是因為局部微血管增生，由於在一歲以前仍有可能增大，會建議照顧者可以定時查看顏色的變化深淺。

大多數的病人在 1 歲之後會開始慢慢消退，有些可能會持續至 8 ～ 9 歲。如果血管瘤有下面情形的話，要記得再請醫師評估喔！

1. 血管瘤位於嘴巴、鼻子、耳朵周圍或其他部位會影響日常生活的地方。

2. 病灶過大（大於 1cm）。

3. 多個病灶。

4. 潰瘍或出血的病灶。

　　如果看到上面的狀況，醫師可能會採取外用藥水或是口服藥物來抑制血管瘤的大小。若成效不好，有時也會考慮手術或是雷射的方式做處理喔！

✦ 葡萄酒斑

　　葡萄酒斑跟上面介紹的嬰兒血管瘤都是皮膚的血管異常疾病，但葡萄酒斑不同於血管瘤，是屬於皮下的微血管畸形，會形成邊界明顯的紫紅色斑塊，而且隨著小嬰兒長大反而不會消退，甚至更為明顯。葡萄酒斑通常沿著臉頰三叉神經的走向分布，也要小心有無神經學症狀，看看是否有腦內血管畸形的發生（Sturge-Weber 症候群）。

　　葡萄酒斑影響外觀甚大，現今醫學可以使用雷射方式來改善。

✦ 熱疹 / 汗疹

熱疹，長輩們也常常稱為痱子，是由於汗腺阻塞所引起。新生兒汗腺之排汗功能，尚未完全發育成熟，若是衣物穿太多，可能會造成這樣的狀況。而在臺灣濕熱的環境更是

胸背處為主

非常容易滋生。熱疹好發於汗腺分布較多且常被衣物包覆的位置，例如胸背、皺褶處。生活照顧上需避免過度濕熱的環境，通風保持乾爽，衣物上也需要注意透氣。熱疹大部分都會自行改善，一般不需要塗抹藥膏，但若合併濕疹或是其他皮膚疾病可能需要一起處理喔！

✦ 新生兒青春痘

小嬰兒也會長青春痘？這常常發生在 1 到 3 個月大的小嬰兒！新生兒青春痘通常發生在臉部，少見於四肢。造成的原因與母體荷爾蒙暫時影響和皮脂腺旺盛有關，偶爾會

有細菌或黴菌感染。通常不需要治療也不建議擠壓，隨著皮膚更新便會慢慢改善。嚴重者可擦局部抗生素藥膏。

✦ 口水疹

寶寶出生後常常口水流不停，如果沒有做好局部清潔，讓過多的口水接觸到小嬰兒的肌膚上就會產生口水疹，這是一種接觸性皮膚炎。遇到口水疹時別慌張，保持嘴巴周圍乾爽，可以使用凡士林或乳液隔絕口水接觸皮膚。症狀輕微者通常幾天內會改善，如果症狀嚴重也可以考慮局部使用外用類固醇藥膏，但注意擦過久可能造成微血管擴張或是色素變化。

✦ 脂漏性皮膚炎

小嬰兒常常會看到在頭皮、眉毛或耳朵長出許多黃黃淡紅的乳痂及紅疹。這是嬰兒常見的脂漏性皮膚炎，是因為寶寶受到母親的荷爾蒙影響，產生短暫的皮脂腺分泌異常，常常在皮脂分泌多的地方會出現。這些疹子好發於出生後 1 個月內，可持續數個

月，但症狀通常會 6 個月到 1 歲前會自行改善。

治療上以保持清潔為主，嚴重者可擦嬰兒油或局部類固醇，記得不要過度清潔或摳取痂皮，反而容易引發感染。

◆✦ 異位性皮膚炎

小嬰兒的臉頰及四肢關節處怎麼常常摸起來粗粗的？甚至長了許多淡紅色的皮疹？要小心，這可能是異位性皮膚炎。異位性皮膚炎通常嬰兒時期就可能出現，診斷上要至少符合下列三點症狀：

1. 搔癢的紅疹。
2. 典型的症狀（濕疹樣皮膚炎或苔癬化皮膚炎）及位置（嬰幼兒大多在臉部及身體的伸側）。
3. 個人或家族具有過敏體質。
4. 發作超過 6 個月。

一旦懷疑是異位性皮膚炎，平常照顧上要注意皮膚保濕與減少摩擦、過敏原的刺激，可以使用不含酒精香料的乳液或是嬰兒油，沐浴時不要使用過熱的水。臨床上母乳可以大幅減少過敏的症狀，配方奶的部分也可以選擇水解配方減少牛乳蛋白的刺激。症狀嚴重時可在醫生建議下酌量使用外用類固醇藥膏。關於過敏的預防照顧，請參考第三章過敏疾病。

How to Care for a Newborn

紅屁屁照顧大全

看到寶寶的圓潤 Q 彈的小屁屁出現紅疹，相信這是許多照顧者以及家長都會碰到的，俗話說的紅屁屁即是醫學上所說的尿布疹。

✦ 尿布疹種類

1. 單純型尿布疹

單純型尿布疹也就是接觸性皮膚炎，當屁屁接觸到尿液、糞便或是尿布的摩擦，尿液和糞便有許多對皮膚的刺激性物質，加上包著尿布不斷摩擦，因而造成紅腫發炎甚至破皮。由於跟接觸有關，好發的位置大多在兩側屁股肉以及容易和尿布摩擦的部位。

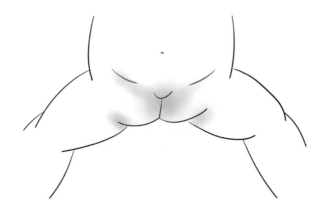

2. 感染型的尿布疹

黴菌和細菌都可能造成感染型的尿布疹，以黴菌中的念珠菌性尿布疹最為常見，念珠菌喜歡悶熱潮濕的環境，因此常在腹股溝等未與尿布直接接觸的部位造成紅疹，紅疹外圍常出現如衛星般的小丘疹病灶（Satellite lesion）；皮膚上的葡萄球菌和鏈球菌，也可能在皮膚黏膜較脆弱時，讓屁屁感染造成膿皰甚至擴散至大片紅疹。

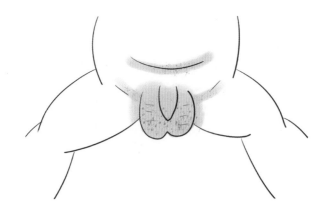

3. 過敏性的尿布疹

　　有些照顧者或家長會勤換尿布甚至整天用濕紙巾擦拭，或是塗抹藥膏，紅屁屁卻仍未改善，仔細觀察發現紅疹的部位與濕紙巾、藥膏，甚至是尿布有接觸的地方，是幾乎吻合的，這樣的即可稱為過敏性尿布疹，原因是對濕紙巾、藥膏、甚至是尿布出現過敏，當移除這些物質，用清水洗屁股，這類型的尿布疹就會改善了。

✦ 如何預防尿布疹？

　　尿布疹的預防最重要的原則是「保持乾爽」跟「減少摩擦」，減少尿液或糞便持續刺激皮膚，勤換尿布最重要，解大便後儘量以清水洗乾淨，或是用濕度高、不含酒精的濕紙巾擦乾淨，再以乾毛巾輕拍乾，避免過度摩擦傷害寶寶屁屁。無論是念珠菌還是細菌都不喜歡乾燥環境，因此保持乾爽也可預防感染型的尿布疹。我們也可以使用凡士林或適當的隔離乳液來達到保護的效果，適量就好，過量有時可能會造成毛細孔阻塞而產生痘痘或是毛囊炎。

　　保持乾爽的方法例如選擇適當尺寸的尿布避免過緊、天氣熱開冷氣、減少寶寶的衣物等，另外適時晾屁股也是不錯的方法，每日 1 ～ 3 次將臀部暴露於空氣中 5 ～ 10 分鐘，以保持臀部乾燥，不過要小心不要被屎尿攻擊，下面可墊一塊保潔墊，另外有時也要注意尿布品質或形式的問題，例如有些寶寶從魔

鬼氈型的換成褲型的尿布，尿布疹出現的次數就降低許多。

　　有些寶寶在還在月子中心時，護理人員見到寶寶紅屁屁會先使用烤燈幫助皮膚復原以及保持乾爽，不過使用烤燈一定要由專業的醫護人員操作，在家中的環境是不建議使用的。

✦ 尿布疹如何治療？

　　尿布疹出現後通常需要搭配藥膏才會較快改善，一般第一線用藥是氧化鋅，可吸收濕氣，也可以隔離造成刺激的糞便或尿液；如果是感染性尿布疹，通常就要增加抗黴菌藥膏或是抗細菌藥膏；而使用類固醇藥膏治療屁屁要小心，短期以及低劑量的使用消炎效果好，但使用過量或過久，可能反而讓黴菌或細菌感染更加厲害，使得病灶便嚴重。

　　如果是因為糞便刺激造成的尿布疹，還需要針對腸胃消化做評估，例如寶寶剛出生時若有乳糖不耐，可考慮換成無乳糖奶粉，若剛從母乳更換配方奶出現牛乳蛋白過敏，可換成水解配方，純喝母乳的寶寶，媽媽建議以天然食物為主。

麥擱吐啊……
寶寶溢吐奶照顧

照顧寶寶很常遇到好不容易花了時間精力餵奶完成，寶寶卻將奶溢吐出來，還呈現一臉無辜樣，讓照顧者哭笑不得，通常輕微的溢吐奶是很常見的，如果沒有影響生長曲線、活動力正常、大小便也正常的話，大多不需擔心，不過學會如何分辨正常與否是很重要的。

✦ 溢奶 V.S. 吐奶

溢奶通常是在寶寶剛喝完從嘴角邊流出少少的奶水，而吐奶則是流出的奶量明顯較多，有時厲害會直接張口吐出來而不只是從嘴角流出來，這是兩者最大的差別，少量的溢奶每個寶寶都可能遇到，大部分不太需要處理。

一旦出現溢吐奶，最重要的是保持寶寶的呼吸道暢通，

可以做的是讓寶寶側躺，並輕輕拍背讓嗆進呼吸道的奶可以咳出來，有時口鼻還會有些奶水，也可以用布或吸球將其清潔乾淨。如果每餐都吐奶，嘔吐物中有黃綠色似膽汁、活力差、食慾下降、哭鬧不安、尿量減少，甚至發高燒等，要就醫檢查喔！

✦ 常見造成嬰兒溢吐奶的原因

1. 嬰兒胃食道逆流

跟成人因為胃酸分泌過多的胃食道逆流不同，嬰幼兒的胃食道逆流通常是結構上的問題。由於新生兒食道與胃賁門處的括約肌尚未成熟，力道不足無法關緊，容易讓胃部的奶水逆流而上，當寶寶脹氣厲害、肚子用力、腹壓上升的時候會更明顯。通常流出的奶量不多，隨著寶寶長大至 1 歲後，此括約肌功能會發育完成而胃食道逆流會逐漸改善。

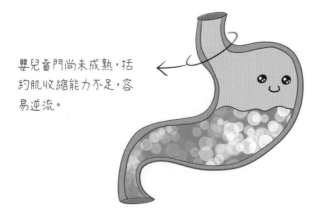

嬰兒賁門尚未成熟，括約肌收縮能力不足，容易逆流。

2. 過度餵食

寶寶剛出生的胃是隨著時間慢慢變大的，剛出生時，只有如小彈珠大小 5 ～ 7ml，3 天後則如荔枝大小約 22 ～ 27ml，10 天後則如桃子大小約 60 ～ 80ml，寶寶並不是每餐的奶量都會一模一樣，常會有大小餐的情形，不需要這餐比上一餐喝得少就硬餵奶，因為可能上一餐的奶量還沒從胃部排空，這樣就會過度餵食，所以我們一般看喝奶量就是看一天總喝奶量，可以由寶寶體重乘以 120 ～ 150ml 算出一天寶寶大概需要的總奶量，而且如果有一天沒達標也不要緊張，大多需要觀察至少 3 ～ 4 天以上抓平均值才會準確。

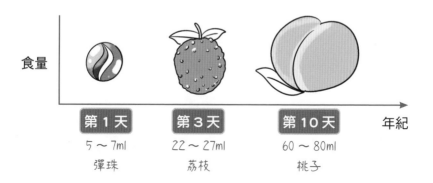

3. 過敏

如果寶寶對奶粉中的牛奶蛋白質過敏，也會頻繁吐奶，如果是喝母乳的寶寶，媽媽可以回想是否吃到大量高過敏的食材，如果是喝配方奶的寶寶，可考慮換成完全水解配方，不過建議諮詢醫師後才更換。

而 4 ～ 6 個月後開始進入副食品之後，有時候也會因對食材過敏而產生溢吐奶增加的情況，也必須跟感染造成的腸胃炎做區分喔！

✦ 改善及預防溢吐奶

有許多方法可改善或預防溢吐奶：

1. 採分段餵食，在餵食中間先排氣後再繼續餵奶。

2. 少量多餐方式餵食。

3. 以坐臥方式餵奶，餵食後儘量可抱立寶寶。

4. 餵食完盡量不翻動寶寶。

5. 餵食完需要拍嗝。

6. 選擇適合的奶嘴大小，防止吸入過多的空氣。

7. 可以適量添加合適的益生菌。

CHECK

小提醒：少見但重要的吐奶疾病－嬰兒肥厚性幽門狹窄

幽門是胃與十二指腸的交界處，正常生理胃部會蠕動要將食物往十二指腸，但如果此處的肌肉層過度肥厚，會造成出口狹窄，因而造成漸進式的吐奶，更嚴重時更會出現噴射性的吐奶，使得寶寶營養不良、黃疸、生長遲滯、甚至電解質失衡。

常好發於出生 2 週後至 3 個月內。一旦臨床懷疑嬰兒肥厚性幽門狹窄，會安排腹部超音波來診斷，治療需要給予點滴矯正脫水以及電解質失衡以外，會需要做幽門切開術，手術後預後良好。

我的寶寶是不是有脹氣？

「醫師，我的寶寶有脹氣耶怎麼辦⋯⋯」

門診爸媽常因寶寶在進食後肚子變很大顆，或注意到在一陣哭鬧不安後放個屁就舒服了，而認為有脹氣問題。

脹氣的原因

必須先跟爸爸媽媽強調，寶寶有脹氣是正常的！原因之一是一歲前的孩子以奶為主食，奶是產氣的食物，經過消化道代謝後容易產生氣體，因此敲寶寶的肚子會「澎澎」作響對他來說是正常現象；另一原因則為當寶寶喝奶時常連同空氣一起食入，尤其在哭鬧或是奶嘴奶洞太小吸不到奶時，更容易由口部吞入氣體，導致脹氣更明顯。此外，進食後的腹脹也常被家長認為是脹氣，產生原因是由於他們腹壁肌肉力量較弱，因此在喝完奶後可明顯看得肚子鼓得大大的，這也是正常的。

✦✦ 脹氣的處理方式

　　若脹氣沒有造成寶寶的不適，且吃得好、長得好、睡得好、排便也順利的話，只要觀察即可；若常看到寶寶挺著肚子大哭，排氣後就恢復正常的話也不用太擔心，首先可以注意是否有喝奶時奶洞太小的問題，太小時，會發現寶寶很用力地吸吮一陣後表現出沮喪或是放開奶嘴，此時可考慮換較大奶洞試試。此外可嘗試一些方法舒緩症狀，如順時針按摩寶寶的腹部，或是讓他躺著幫他兩腳交互運動做踩腳踏車姿勢，都有助於協助緩解症狀。

CHECK

小提醒：拍嗝

拍嗝的方式可分為兩種：

1. 直立式：讓寶寶靠在大人的肩膀，不壓住口鼻，手掌微彎，由下背往上輕拍。

2. 坐在膝上式：手以虎掌拖住寶寶的下巴和前胸，讓寶寶坐在大人的大腿上，手掌微彎，由下背往上輕拍。

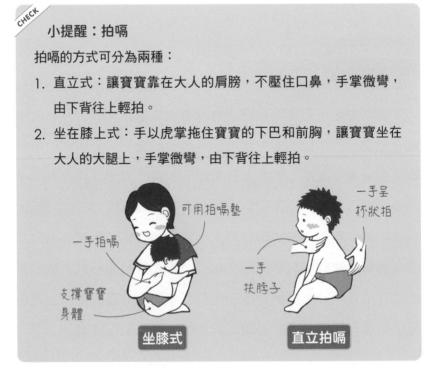

可用拍嗝墊

一手拍嗝

支撐寶寶身體

坐膝式

一手呈杯狀拍

一手扶脖子

直立拍嗝

可以使用薄荷油等涼涼的精油協助寶寶舒緩脹氣嗎？
臺灣兒科醫學會明文表示不建議對於 2 歲以下的嬰幼兒使用薄荷醇與類似物質為主要藥理成分的產品，這類成分包含常見的薄荷、樟腦、尤加利樹等擦起來會涼涼的精油。這些物質會對神經系統有抑制作用，有些嬰幼兒過量使用會引起呼吸停止的不良反應。且這類藥物並沒有實證對於脹氣是有效的。

✦ 什麼樣的脹氣或腹脹要特別注意？

如果脹氣合併寶寶活動力 / 食慾下降，持續嘔吐、腹瀉 / 便祕等，還是需要小心並非單純的生理性腹脹，建議就診請醫師評估。

寶寶大便次數多少才正常？ 談寶寶便祕

在門診常常遇到爸爸媽媽非常關心大便次數與便祕的問題，正常的大便是怎麼樣的呢？

寶寶大便次數與形式變化

寶寶的糞便型態會隨著年齡與飲食逐漸變化喔！

大部分足月寶寶在出生 1 天內會解第一次大便，早產兒會更晚一些。出生 1 ～ 2 天內解的糞便為墨綠色的胎便，是胎兒時期寶寶自己的腸道分泌物以及吞嚥羊水所產生。約 3 ～ 4 天大時逐漸形成過渡便，而到約一週後會轉成金黃色的奶便喔！第一週的孩子排便次數「平均」為四次。喝母乳的寶寶可能出生前幾天少到一天只有解一次便，之後解便頻率隨著母奶量增多逐漸增加。

在寶寶的前 3 個月，大便的頻次也會和進食的模式以及喝的配方相關。母奶平均每天三次，但一些正常的寶寶可能會在每餐餐後就解便了，也有寶寶可能到快 6 ～ 7 天才解便；配方奶平均每天解兩次便，也可能 2 ～ 3 天解一次便，若使用水解蛋白的配方奶糞便會更軟以及頻率也會更多。

當開始吃副食品後排便次數差異也是非常廣，從 1 天三次到 1 週兩次等都不少見。雖然頻次差異很大，但只要小朋友的體重增加與排尿次數正常（1 天換六包尿布以上）就不用太過擔心喔！

✦ 我的寶寶有便祕嗎？

有些寶寶在排便前會用力、大哭十幾分鐘，但最後排出的大便質地卻是軟的，且沒有合併出血等狀況。這種「嬰兒排便困難」（infant dyschezia）並不代表寶寶便祕，而是在排便時骨盆的肌肉仍不協調所致，會隨著年紀長大逐漸改善（通常 9 個月大之後就不會再發生）。

便祕在醫學上的定義，包括一個月內有包含下述兩項症狀：

1. 1 週只解兩次以下的便。
2. 過去曾經也有糞便阻滯。
3. 有排便疼痛或排便困難。
4. 直徑過粗的糞便。

5. X 光或醫師指診發現直腸有大的糞塊。

✦✦ 寶寶便祕的成因

　　大部分寶寶便祕是屬於「功能性便祕」，指的是腸道蠕動異常或是對食物不適應而產生。常發生在幾個特定時間點：

1. 母奶換配方奶時：因為配方奶的成分和母奶還是有所不同，其中若含有植物性棕櫚油的成分容易造成糞便較硬；此外，配方奶中的蛋白質與母奶構成不同，牛奶蛋白過敏也可能是造成便祕的原因之一。

2. 開始副食品使用之後：剛開始的副食品常有纖維與水分不足的問題。

　　少部分寶寶的便祕是屬於「器質性便祕」，指的是腸道有結構異常或是有其他如神經、內分泌問題。若有相關警示症狀都還是建議就醫喔！

便祕的警示症狀
1. 出生後解第一次胎便的時間超過 48 小時以上。
2. 合併發燒、嘔吐。
3. 肛門出血。
4. 嚴重腹脹。
5. 體重成長不好、神經發展遲緩。

✦ 便祕了怎麼辦？

使用母奶的寶寶很少發生便祕的情形，因此飲食方面可選用母奶則盡量以母奶為主；若考慮換配方奶，則可嘗試換成部分水解配方。

已經吃副食品的寶寶，首先要注意水分的攝取是否足夠。此外，食物也可選擇纖維含量較高的食物，如糙米飯取代白飯等；副食品中可適度增加香蕉泥、蘋果泥、梨子泥等水果，這些水果具有一些腸胃道不可吸收的醣類物質，可讓寶寶腸道內的糞便更富含水分。較嚴重的寶寶也可以攝取少量的黑棗汁幫助排便。

運動方面，我們可以用雙手順時針（順著大腸的方向）按摩寶寶的肚子；也可以讓寶寶躺著，幫他的兩隻腳做倒踩腳踏車運動，有助於腸道的蠕動。

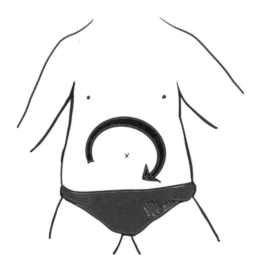

市面上有些兒童的益生菌標榜可以讓排便順暢，可當作「健康食品」試試。但這邊要提醒，解便不順最常見的原因其實跟飲食有關：要有適當的水分、足夠的纖維質、適量的油脂，真的因為益生菌不夠而導致便祕的寶寶非常少見，所以便祕的寶寶在您準備添加益生菌之前，要先想想寶寶平常的水分、纖維質、油脂是否足夠哦。如果以上方法都還是沒辦法解決便祕問題，就是時候請兒科醫師協助以藥物處理囉！

腸絞痛聽起來好可怕，我的寶寶有腸絞痛嗎？

✦什麼是腸絞痛？

　　腸絞痛在正常的嬰幼兒裡面其實是非常常見的問題，大約發生在 1 ～ 3 個月的寶寶，當寶寶出現夜間或傍晚同一時段難以安撫的哭鬧，但白天精神活動力食量都正常的時候，就要考慮寶寶是不是有了腸絞痛！

　　研究顯示嬰兒腸絞痛比率其實不低，可能有近 3 成的寶寶都曾有過腸絞痛，無論是喝母乳或配方奶都可能會發生，配方奶稍多一些，腸絞痛過去的定義是 333 原則，也就是 1 天有至少 3 小時、1 週有 3 天以上、持續 3 週以上的不明原因哭鬧並且排除其他原因，即可診斷為嬰兒腸絞痛，不過近幾年有國外學者認為不足 3 小時也可能是腸絞痛，因此近期有了新的診斷標準：

1. 症狀的開始與結束，年齡都小於 5 個月。

2. 無明顯原因的反覆而持續的哭鬧不安，且照顧者無法做預防措施或安撫。

3. 沒有生長遲滯、發燒或其他疾病。

新定義中，不再強調時間有無 3 小時、3 天、3 週等，著重於照顧者無法做預防措施或安撫。

CHECK

小提醒：寶寶哭多久是正常呢？

有些人曾比喻寶寶猶如半獸人，寶寶一天中除了吃喝拉撒睡以外，其它最常做的就是哭，研究顯示寶寶於出生後一天平均會哭 2 小時，等到 1 個半月大左右，平均會哭到 3 小時，直到寶寶 3～4 個月大，一天平均哭的時間會下降到約 1 小時，隨著寶寶長大，哭的時間慢慢下降。

✦ 腸絞痛的可能原因？

目前可能的成因有很多，例如寶寶的腸道黏膜還不成熟、腸道的神經叢還未發育完全、不平衡的腸道微生物菌叢、短暫的牛乳蛋白過敏、睡前「灌太多奶」，部分研究也指出媽媽如果是高焦慮性格，寶寶可能也會遺傳緊張氣質，可能以腸絞痛來作表現。

✦ 有何改善腸絞痛的方法呢？

要如何改善就必須先從可能原因著手，如果喝母乳的寶寶出現腸絞痛，可讓媽媽多吃天然食物，避免加工食品、茶、咖啡、帶殼海鮮等；如果喝配方奶的寶寶出現腸絞痛，可暫時換成水解配方奶讓腸胃較好吸收，睡前奶如果灌太多，寶寶可能不會一覺到天亮，反而可能出現胃食道逆流，導致頻繁哭鬧，所以睡前奶適量即可。

目前實證醫學顯示有效的方法以安撫為主，美國 UCLA 兒科醫師 Harvey Karp 曾發表 5S 安撫技巧如：

1. **包**（Swaddling）：用包巾包住寶寶讓其有被保護的感覺。
2. **搖**（Swinging）：抱著寶寶緩慢搖晃，不可以高頻率拍打。
3. **吸**（Sucking）：可親餵或使用奶嘴讓寶寶有東西可以吸吮。
4. **側**（Side／Stomach Position）：側身躺在照顧者的胸懷。

哄睡五部曲

1. 用包巾包住寶寶。
2. 包著寶貝輕輕搖晃。
3. 可使用奶嘴。
4. 可側身躺在照顧者懷裡。
5. 可使用白噪音。

5. **聲**（Shushing Sounds）：打開家中電器如吸塵器、吹風機等發出雜音，或是使用白噪音。有些寶寶會以為這些雜音像在子宮裡所聽見的聲音，讓寶寶以為回到安全的環境。

小提醒

使用益生菌也是可以考慮的。眾多益生菌中，目前證據最充足的為 Lactobacillus reuteri，無論寶寶喝母乳或配方奶都可以使用。早產兒使用此種益生菌的安全性也已建立，照顧者們還是可以試試。

✦ 反覆哭鬧到何種狀況須給醫師檢查呢？

一般來說腸絞痛是良性的，隨著寶寶長大會慢慢改善，也不影響寶寶的生長發育，但是如果寶寶哭超過兩小時完全沒有停的跡象且使用任何安撫方法都無效，或是哭鬧有週期性如哭鬧幾分鐘後安撫下來，但隔 15 ～ 20 分鐘後又會哭鬧，這樣的週期反覆出現，或是有其他症狀如發燒、嘔吐、腹脹、腹瀉、血便這些等。有以上狀況，建議仍需給兒科醫師評估。

How to Care for a Newborn

大便帶血絲，
我的寶寶怎麼了？

　　造成嬰兒的血絲便或血便的原因有很多，一旦發現，都建議先請醫師評估。爸爸媽媽在寶寶就診前可先將糞便拍攝提供醫師參考喔！

✦ 肛裂

　　最常見的病因是肛門周圍裂開造成出血，其原因可能為寶寶長期便祕造成大便硬度較高（尤其常發生在母奶轉換成配方奶或開始嘗試副食品的時候）、或做一些處置如量肛溫或灌腸時弄傷了寶寶肛門。若是肛裂造成寶寶大便帶血絲，仔細觀察肛門周圍可發現撕裂傷傷口，且糞便的血絲通常呈現鮮紅色條狀覆蓋於糞便表面。

當發生肛裂時，要避免持續造成撕裂傷或刺激傷口。爸爸媽媽可以諮詢醫師開立軟便用藥，以及用凡士林等油膏保護傷口；此外，也要勤加換尿布避免糞便與尿液持續對傷口刺激。

食物過敏

配方奶是以牛奶為根基的配方，較敏感的孩子在接觸牛奶蛋白後會導致大腸耐受不良而發炎，進而導致血便或血絲便產生。有些喝母奶的寶寶也會發生，這是由於當媽媽食入大量帶有過敏成分的食物時，有些成分會藉由母乳傳給寶寶。

這種寶寶除了大便較稀外，食慾與活力通常不受影響。喝母奶的寶寶通常在媽媽暫停過敏成分食物攝取後就會改善，而使用配方奶的孩子則可在醫師的建議下嘗試水解配方奶喔！食物過敏約在一歲半後較為改善，因此若因食物過敏而避免的食物，在此之後可以嘗試加回來看看喔！

腸胃炎

病毒或細菌性腸胃炎就會造成寶寶的糞便帶血與黏液喔！若寶寶除了血絲便外，同時合併發燒以及群聚現象時就要考慮是腸胃炎造成。可參考腸胃炎的章節。

小提醒

除了以上這些常見的原因外,會造成寶寶血絲便的原因還非常多,其中也有些疾病是急症,需要及時處置(如腸扭轉、腸套疊等)。因此當爸爸媽媽注意到寶寶解血絲便或血便,還是建議就診請醫師評估;若合併寶寶活力不佳、呼吸困難、持續嘔吐等嚴重症狀,務必及時到急診就醫喔!

又吐又拉肚子，寶寶腸胃炎了嗎？

寶寶又吐又拉，最常見的原因是急性腸胃炎，原因是透過接觸而感染了病菌，病菌在腸胃道造成發炎，使得腸道蠕動不穩定，而且可能產生脹氣，胃排空不順而嘔吐，腸黏膜受損無法消化吸收而拉肚子，大便會變得稀稀水水的，嚴重的可能還會發燒、食慾不振而造成脫水。

臨床上我們還可以透過病程以及糞便的狀況來判斷可能的病菌，可以簡單分為病毒性腸胃炎以及細菌性腸胃炎。

✦ 急性病毒性腸胃炎

病毒性腸胃炎通常先吐後拉，而且一天拉肚子的次數可能會三次以上，其中大便性狀大多為水瀉或是糊狀，除此之外病毒性腸胃炎通常會有群聚的病史，寶寶身邊的人通常也會有腸

胃不適的症狀。常見的病毒包括諾羅病毒、輪狀病毒、星狀病毒、腺病毒等造成的。

病毒性腸胃炎大多會自癒，不過要注意有無嚴重的脫水，治療原則是改善脫水以及不需要抗生素的使用。

✦ 急性細菌性腸胃炎

細菌性腸胃炎通常較少吐，拉肚子次數一般不若病毒性腸胃炎來的多，但大便的性狀可能會出現黏液或是血絲，甚至可能會有酸臭味的大便，大多和食物如不新鮮的蛋或飲用不乾淨的水有關，常見的細菌包括沙門氏菌、桿菌性痢疾、曲狀桿菌等。

細菌性腸胃炎大多也會自癒，不過一樣要注意有無脫水以外，如果今天寶寶年紀小、免疫功能不全、有高燒超過 3 天等，還要考慮加上抗生素治療喔！

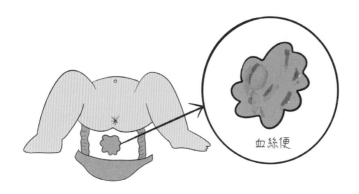

血絲便

✦✦ 脫水的評估

　　腸胃炎的治療最重要的是評估脫水的程度嚴重與否，尤其小於 1 歲的寶寶因為以喝奶為主，一旦發炎厲害可能使食慾下降更易造成嚴重的脫水，如何判斷脫水嚴重程度，可以由寶寶的體重變化、活動力、尿尿的量、哭有無眼淚、頭部前囟門有無凹陷來評估：

臨床表徵	輕度脫水	中度、嚴重脫水
體重減輕	<5%	>5%
活動力	正常	躁動不安或是嗜睡
尿量（換尿布次數）	略少	少很多
眼淚	哭有眼淚	哭的時候眼淚變少
前囟門	無凹陷	有凹陷

CHECK

小提醒：中度、嚴重脫水

1 歲以下寶寶如果有中度以上的脫水，會考慮給予靜脈補充輸液治療喔！

✦ 腸胃炎的飲食原則

　　腸胃炎造成的脫水的治療，已經不再是以前所說的讓腸胃休息、短暫禁食不吃東西，目前已建議要盡早腸胃進食，這樣並不會造成腸胃負擔且可以盡早給予補充水分以及電解質來改善脫水。

　　已滿 6 個月的寶寶，可以考慮口服電解液，如果寶寶是喝母奶的話可以繼續喝母奶，如果寶寶喝配方奶的話建議可短暫換成無乳糖奶粉，不建議配方奶泡稀，最主要原因是營養成分不足會讓抵抗力恢復慢，使得腸胃炎病程延長。

　　而寶寶如已有吃副食品的話，可餵食稀飯或米糊（稀飯煮好後，上層浮著的米湯），也可餵食不含油脂的清淡副食品如蒸蛋、燙青菜、水煮的瘦肉、白吐司、白麵條、香蕉、芭樂、蘋果、玉米、現打的清淡果汁等，另外不建議寶寶腸胃炎時喝運動飲料喔！市售的運動飲料很甜，也因此滲透壓高，反而會使腸胃不好消化吸收而持續腹瀉喔！

✦ 腸胃炎可以吃益生菌嗎？

　　腹瀉的過程中，腸黏膜受損，連帶讓腸道內的許多菌叢也跟著變化，可惜的是大多是讓壞菌、伺機性病原菌等增加，此時給予益生菌的補充，就像是在激烈的戰場上來了強大的

援軍，讓我軍也就是寶寶對疾病的抵抗力，援軍也就是益生菌大幅增長而盡快恢復抵抗力，使得腹瀉的症狀盡快恢復，目前研究顯示適量補充益生菌可緩解輕度腹瀉，常見的比菲德氏 B 菌 Bifidobacterium species、嗜酸乳桿菌 Lactobacillus acidophilus、丁酸梭菌 Clostridium butyricum 等已證實在腸胃炎的過程補充有不錯的治療效果。

寶寶眼睛怪怪的，
我該注意什麼呢？

　　眼睛是我們人體中最複雜的感覺器官。小嬰兒的視力要一直到 7 ～ 8 歲左右才會發育完全，而相關的眼睛問題也是五花八門。這邊我們就來介紹一些常見及特別要注意的眼睛問題給各位父母參考吧！

✦ 先天性鼻淚管阻塞

　　小寶貝總是淚眼汪汪，每天都有眼屎，這可能是小嬰兒常見的先天性鼻淚管阻塞。因為鼻淚管發育的關係，常常會見到這樣的情況。每天按摩內眼角，通常到 1 歲左右症狀會明顯改善。如果有紅腫或分泌物嚴重，可以使用局部眼藥水或眼藥膏治療，效果不錯。

小提醒

涙眼汪汪是鼻淚管阻塞的表現。爸媽們如果
看到這種情形可以每天按摩小嬰兒的內眼
角，每天 2 ～ 3 次，每次約 5 分鐘左右，
狀況會改善許多喔！按摩前提醒照顧者要清
潔雙手，把指甲剪短才不會傷害寶寶唷。

✦ 白瞳

　　人體眼球為一個十分精密的器官，光線經過瞳孔後，會聚
焦到我們眼球後方一個名為視網膜的構造，之後由後方的視神
經傳遞到大腦後頭部。這樣的生理特性，使得我們在幫小嬰兒
用燈光檢查眼睛時或是拍照時會出現特別的「紅眼反射」。

　　但有些小朋友可能拍照時爸爸媽
媽發現怎麼兩眼反光不太一樣，甚至
覺得小朋友眼神怪怪的。經過眼科醫
師檢查後發現得了白瞳。

　　白瞳的原因有很多種，兒科或眼
科醫師經過詳細檢查，會排除白內障
或視網膜母細胞瘤等其他問題。

左眼白瞳的小朋友可能
是視網膜母細胞瘤

1. 視網膜母細胞瘤

當注意到小嬰兒有不正常的紅眼反射時，要仔細排除是不是視網膜母細胞瘤的發生。視網膜母細胞瘤是眼睛最常見的惡性腫瘤，生長快速。而最常見的症狀就是白瞳的出現與斜視的發生。家長都要特別留意！

2. 先天性白內障

發現白瞳的小嬰兒，另一個可能的原因，就是先天性白內障。外觀可能與老人家常見的白內障相似，都會看到混濁的水晶體。

造成先天性白內障的原因有很多種，可能和遺傳相關，也可能是小嬰兒本身就有代謝性疾病的問題，甚至是藥物或懷孕期間造成的感染都有可能。因此有白內障的小嬰兒，務必要掌握他的新生兒篩檢結果與是否有特別感染的風險，都可以給醫師作為診斷的參考。

先天性白內障會影響小嬰兒的視力，出現眼震、弱視甚至斜視。一旦有影響視力的可能，要趕快進行手術把混濁的水晶體拿掉，並密切追蹤視力的發展。

CHECK

小提醒

白瞳的是許多眼睛問題的第一個症狀喔，一旦出現都要進一步的檢查和處理！

✦ 眼位不正

眼位不正，又稱斜視，外觀看起來雙眼沒有在眼睛的正中心。通常斜視會依照偏移的方向來命名，往內偏是內斜視（俗稱鬥雞眼），往外就是外斜視（俗稱脫窗）。

但是，真正有問題的斜視通常比較少見。一般來說，我們會把斜視分成兩種：

1. **真斜視**

   控制眼球的肌肉有異常，造成眼位不正，無法將雙眼視覺軸線同時通過所看的物品。這種真斜視會影響視力發育，造成小朋友喜歡用正常眼位的眼睛看東西，另外一隻眼睛長期下來就變成弱視了，也會影響小朋友的立體感覺。

2. **假性斜視**

   小嬰兒可能因為眼內眥較寬，乍看之下以為內斜視，可是經過醫生檢查都正常，這是因為內眥贅皮較厚的關係所造成。東方人也比較常看到。

   也可能是眼內眥較寬造成的。醫生在做檢查時，會用光照的方式來看看寶寶看光時兩邊的反光點是否在中間（如下圖）。若是發現眼位不正，在排除假性斜視後，要及早做矯正。

小嬰兒內眼角的距離較寬，看起來像有內斜視，但眼位正常，這是假性斜視。

假性斜視

右眼內斜視的妹妹。斜視要及早做矯正，否則可能造成弱視。

真斜視

> CHECK
>
> **小提醒**
>
> 醫生會用照光的方式來看看寶寶光線反射是否都在正中間。如果檢查眼位都正常的話這就是常見的假性斜視。

✦ 新生兒結膜炎

　　所有新生兒在出生後會立刻在眼睛上塗抹抗生素眼藥膏，這是為了要避免產道的細菌感染新生兒的眼睛造成嚴重的新生兒結膜炎。

　　在出院之後，有些媽媽也會發現小嬰兒出現紅眼睛，這也是另一個新生兒結膜炎常出現的時間點。新生兒的結膜炎通常

出現在 1 ～ 3 週左右，因為病毒、細菌或披衣菌的感染所造成。小嬰兒因為免疫力較低及淚腺較不成熟的關係，得到結膜炎的症狀常常也較為嚴重。輕微可能只有眼白的結膜層充血變紅（俗稱紅眼睛），嚴重的話甚至可能會有化膿的分泌物。

　　一旦出現紅眼睛或化膿分泌物時，醫師會開立抗生素藥水使用。這段期間維持手部衛生，保持物品清潔，症狀通常約 1 週會改善。

✦睫毛倒插

　　另一個會造成紅眼睛的疾病就是睫毛倒插了。小嬰兒至門診時通常淚眼汪汪，仔細檢查發現睫毛濕濕的黏在一起，刺激結膜造成結膜炎。睫毛倒插可能是上或下排睫毛倒插所造成，而嬰兒和兒童時期又以下排睫毛倒插為主。這是因為東方人有著肥厚的下眼瞼贅皮（下眼瞼的皮膚和肌肉過於肥厚），導致睫毛往內捲刺激角結膜。

　　睫毛倒插通常隨著嬰兒長大，臉型拉長後會慢慢改善。但若是造成長期角膜受損甚至影響視力的話可以考慮開刀治療。

✦先天性眼瞼下垂

　　小嬰兒眼睛怎麼一直都張不開，甚至出現大小眼的狀況，這可能是先天性眼瞼下垂。眼瞼下垂的原因有很多種，可能是

神經性（例如重症肌無力）或是肌肉性（例如肌肉萎縮症）等的原因。在醫師詳細排除其他問題後，最常見的就是先天性眼瞼下垂。

先天性眼瞼下垂是由於我們上方提眼瞼的肌肉－提上眼瞼肌發育異常，造成局部纖維化所以無法正常提起眼瞼所造成。因會蓋住眼球，先天性眼瞼下垂必須密切追蹤視力及閃光的情形，一旦有惡化須考慮手術治療並矯正弱視。

How to Care for a Newborn

嘴巴怎麼白白的？
寶寶感染鵝口瘡了嗎？

什麼是鵝口瘡？

　　鵝口瘡是口腔的念珠菌感染，好發於免疫力低下以及新生兒，常常是伺機性的感染，也會發生在免疫低下的時候、長期使用免疫抑制藥物或類固醇噴劑但未好好漱口。

鵝口瘡會有什麼症狀？

　　輕微鵝口瘡感染時，往往症狀不明顯，寶寶可能表現食慾較差或是比較哭鬧的情形，仔細檢查口腔會發現有乳白色的片狀物質，跟奶垢不同，無法用棉枝刮去，可能還會輕微出血的情形。

小提醒

常見的珍珠瘤跟鵝口瘡不同，像一顆小珍珠躺在牙齦上或上顎，不需處理喔！

點狀白色顆粒，
可分布於上顎或牙齦

珍珠瘤

片狀如奶垢，
可能稍微出血

鵝口瘡

✦ 鵝口瘡怎麼預防呢？

1. 口腔的清潔好習慣最重要。
2. 接觸寶寶的東西都要完善消毒，若有固齒器等應把玩具整個拆開做清潔。
3. 親餵媽媽也要注意自身清潔喔。

小提醒

寶寶的口腔怎麼清潔呢？每天至少兩次，在喝完奶後，爸爸媽媽清潔消毒雙手，使用沾濕的紗布巾沿著寶寶的唇角進去，頰邊、舌頭、上顎都要輕輕擦過一遍喔！

✦ 鵝口瘡怎麼治療呢？

鵝口瘡其實並不難治療，用簡單抗黴菌藥就可以痊癒，通常醫生會開立抗黴菌用藥，一天 3～4 次使用，最後上藥之後休息 30 分鐘後再進食，大約治療一週左右。另外雖然藥物治療下很快會好轉，但還是請務必把療程整個結束才不容易復發喔。

✦ 鵝口瘡反覆復發怎麼辦？

鵝口瘡如果反覆復發，或寶寶已經超過 6 個月以上了仍然反覆，除了環境上的清消，可能也要留意寶寶自身有沒有特殊免疫疾病或是使用到不合適的藥物。

舌繫帶和上唇繫帶要處理嗎？

　　舌繫帶是舌下的韌帶。「舌繫帶要不要剪呢？會影響到講話嗎？」也是兒科醫生最常在診間遇到的問題之一，到底，舌繫帶有沒有過緊的問題呢？讓我們一起來看看吧。

舌繫帶有沒有過緊呢？

　　舌繫帶怎樣算是過緊，其實在醫學上沒有完整的定義，但在兒科醫師普遍認為，「不能過通過下牙床」及「無法正確含乳」是需要處理的舌繫帶過緊。另外，有些過緊的舌繫帶會讓寶寶的舌頭伸出時呈現 W 型。

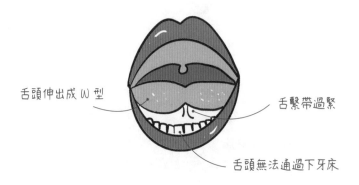

舌頭伸出成 W 型

舌繫帶過緊

舌頭無法通過下牙床

✦ 過緊的舌繫帶會有什麼問題呢？

過緊的舌繫帶會影響舌頭的活動能力，也有可能造成吸乳障礙。最常被問到的是「需要為了語言發展，直接剪舌繫帶嗎？」但長期研究下來，舌繫帶過緊反而大部分都不會影響到語言問題，絕大多數的語言遲緩更常見環境刺激不夠、聽力或是腦部遲緩造成，也因此，並不需要為了未來的語言發展而直接處理掉舌繫帶喔。

最常見到的問題，反而是在親餵孩子時，因為舌頭過短無法包含整個乳頭，造成吸吮不好或是母親被吸吮疼痛。

✦ 過緊舌繫帶要怎麼處理呢？

舌繫帶的處理其實不會太困難，小心避開血管後劃過一刀止血即可，剛出生的新生兒及嬰兒可以不用麻醉固定，大一點的寶貝則需要麻醉以利手術進行。

✦ 舌繫帶剪開後怎麼照顧呢？

舌繫帶處理後，一般壓緊 3 ～ 5 分鐘左右即可止血，術後因為仍有傷口不建議吃過燙的食物，術後一週內建議以軟質食物為主喔。

✦ 上唇繫帶要不要處理呢？

其實在 9 成以上的寶寶都會有上唇繫帶過長的問題，但絕大多數都不用處理，大部分的孩子會在發育過程中斷裂（可能是玩遊戲時撞到或自己斷裂）或是自行退開，但少數較為肥厚，影響到發音、刷牙困難等狀況的話，可以在兒童牙科做處理喔。

什麼是髖關節發育不良呢？
我的寶寶要做檢查嗎？

✦為什麼會特別重視髖關節發育不良？

　　髖關節連接骨盆及腿部，是全身受力最重的關節。在臺灣，髖關節發育不良發生率約為 1.5/1000 人，是寶寶最常見的骨科問題。

　　髖關節發育不良若未經適當的介入治療，寶寶們長大後可能會有跛行、長短腳、影響運動功能及髖關節疼痛等問題。越早發現寶寶有髖關節發育不良的問題，越能以簡單的方式治療，且成效也較佳；因此，寶寶出生後醫師會進行髖關節發育不良篩檢，以避免因剛出生的寶寶症狀不明顯而延誤治療。

✦ 髖關節有問題的寶寶有什麼跡象？

剛出生的寶寶症狀「不明顯」，爸爸媽媽要怎麼觀察呢？其實，最重要的線索是兩腿「不對稱」喔，包含大腿皮膚皺褶不對稱、兩腿外張不對稱、屈膝後膝蓋高度不對稱等（如圖）。由於症狀不容易被注意到，醫師會把握機會反覆檢查，時機點在寶寶出生後與出院前，以及寶寶 4 個月大以前的健兒門診。

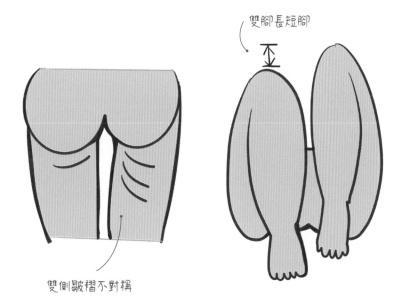

雙腳長短腳

雙側皺褶不對稱

✦ 髖關節發育不良怎麼治療？

根據寶寶的年齡與臨床狀況，骨科醫師會選用不同方式治療，如下表：

0～3月	3～6月	6～9月	9～12月	12～18月	18～24月
吊帶					
	徒手復位、石膏固定				
		開刀復位、石膏固定			
			開刀復位、切骨、石膏固定		

由於髖關節在出生後仍持續發育，若早期診斷，就可以用簡單方式治療，像是穿吊帶褲維持姿勢，等寶寶逐漸發育後即可達到治癒效果；越晚診斷，處理方式會更複雜，即使治療也可能會合併骨頭生長異常及未來退化性關節炎提早發生等併發症。

自費髖關節超音波，有需要加做嗎？

美國小兒科醫學會建議，「高風險」孩子 6 個月前若有以下狀況可考慮影像檢查：

1. 胎位不正（臀位生產）。

2. 有家族髖關節問題。

3. 父母擔心。

4. 之前理學檢查發現關節不穩定，或持續檢查仍不確定是否正常。

5. 過去曾過度包裹寶寶。

除以上的情形外，目前一些相關研究也指出，髖關節發育不良和第一胎、女生、羊水過少、斜頸、下肢變形等相關。

由於臺灣醫療的便利性，通常建議有危險因子或家長會擔心，就可以加做超音波檢查；另外也提醒爸爸媽媽，超音波在超過四個月大的孩子解析度不佳，會建議改以 X 光檢查。

◆ 照顧寶寶的髖關節要注意什麼呢？

　　重點在於姿勢要正確 !!!

　　當寶寶的腳呈現「青蛙腿」時，大腿的股骨頭會位於骨盆的髖關節內部，是最適宜髖關節發育的姿勢（這也是早期用吊帶維持姿勢治療的原因）；若長期讓寶寶維持伸直併攏的姿勢，股骨頭會位於關節外側，不利髖關節發育。所以，日常照顧上要注意不要將寶寶的腿部包裹太緊，且攜寶寶出門時盡量維持「跨坐」的姿勢。

　　寶寶大約 6 ～ 7 個月大時開始學習坐姿，也要避免寶寶呈現 W 型的坐姿影響髖關節的發育喔。

雙腳成 W 型坐姿，對髖關節不利

手手腳腳怎麼了，談多指、併指、板機指、馬蹄內翻足

寶寶出生前，在超音波被醫生診斷有手指發育問題，該怎麼辦？

✦為什麼會先天性手指異常？

目前在醫療上，手指發育異常的原因尚不明確，有些可能跟遺傳疾病、染色體異常相關，也有些可能跟胎內環境、母親暴露於毒物，酒精或放射物質相關，以多指症來說，每 500 個嬰兒就可能有 1 個有多指症。但絕大多數都有手術治癒的可能，爸爸媽媽先不要太灰心喔。

✦ 多指症

多指症是最常見的手指異常，拇指最多占 90%，右手略多於左手。多指症分為幾種類型：

1. 軟組織多指，多出的指頭只有軟組織，沒有肌肉骨骼等，手術切除較簡易。

2. 單純性多指，多出的指頭含有肌腱跟骨頭，手術時需把多出的肌腱、皮膚重新復位。

3. 複雜性多指，多出的指頭不僅有肌腱、骨頭、血管組織，且含有掌骨孿生。手術時間通常建議 6 個月以後，才能看清楚手指複雜構造，好好幫寶寶重建手指樣貌及功能。

CHECK
小提醒

通常爸爸媽媽看到寶寶多一根贅生指會很緊張，想要早點處理，不過有時候耐心的等待才能讓寶寶的手指有良好的發展，有時候手術也不一定可以一次完成，建議要按時追蹤寶寶手指的狀況喔。

多指症

✦ 併指

併指其實也並不少見，手指併指相較於腳趾併指更容易出現功能性的問題，併指跟多指一樣，因併聯的情形不同區分成單純性以及複雜性的併指，如果多指併連可能會需要 2 次以上的手術，中間需間隔半年來維持血液循環。

✦ 板機指

大家常常聽到大人使用過度產生指節卡卡，造成所謂的板機指，但其實小朋友也可以得到板機指喔！寶貝在出生的時候都是雙手緊緊握住，大概 3 個月左右抓握反射消失，開始出現手掌打開的動作，這時候如果爸爸媽媽發現拇指像卡住一樣都出不來，就要小心得到「嬰兒板機指」。

板機指主要是因為屈肌的肌腱產生結節，讓手指在拉伸時卡在滑車肌腱（A1 pulley）而造成，早期發現大部分小朋友經過復健都可以痊癒，如果較晚處理或是完全卡住，需要進行手術，一般都能改善且功能正常。

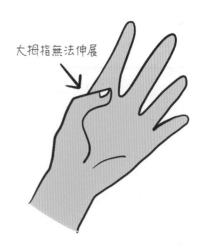

大拇指無法伸展

✦ 馬蹄內翻足是什麼？

馬蹄內翻足是新生兒最常見的足部畸形，腳會呈現高爾夫球桿一樣的彎曲。目前成因不明，可能與胎內姿勢壓迫有關，現在臺灣大部分的產婦都會做高層次超音波的檢查，比較容易提早發現，如果發現，大部分產科醫師也會再確認有沒有合併其他異常或是染色體異常喔。

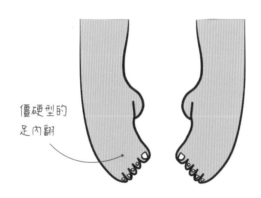

僵硬型的
足內翻

✦ 我的寶寶剛出生時腳彎彎，就是馬蹄內翻足嗎？

其實新生兒在媽媽肚子裡時，因為空間不足夠，剛出生的時候可能都會有一點足內翻跟 O 型腿，但未必都是馬蹄內翻足，可以看足跟部是否位於正中央、是否可以柔軟的轉正、以及觀察數週是否回正來判斷，一般出生後會由兒科醫師來幫寶寶做判斷喔。

✦ 如果確診馬蹄內翻足該怎麼辦呢？

　　如果經由兒科醫師、復健科或骨科醫師判斷是馬蹄內翻足，就需要盡早做治療喔！越小的寶貝足部越柔軟，可以經由一些按摩、復健、石膏或是手術來治療，反之如果拖延過久，可能會留下一些步行困難的問題。

How to Care for a Newborn

寶寶背後有個小洞？
來談談尾骶骨凹陷

✦ 什麼是尾骶骨凹陷呢？

據統計，臨床上大約有 3 ～ 5% 的新生兒有屁股上的小凹窩，醫學上又稱為尾骶骨凹陷（sacral dimple）。

✦ 尾骶骨凹陷分成什麼類型呢？要處理嗎？

尾骶骨凹陷可以分成兩種類型，單純的尾骶骨凹陷及較複雜的不典型尾骶骨凹陷。

單純的尾骶骨凹陷有下面幾個特色：

1. 直徑小於 0.5cm。

2. 距離肛門口不超過 2.5cm（股溝以下）。

3. 沒有合併其他脊椎發育不良的危險因子，包含長毛，長出小尾巴，脂肪瘤，血管瘤。

只要有任一點不符合，就屬於不典型尾骶骨凹陷。

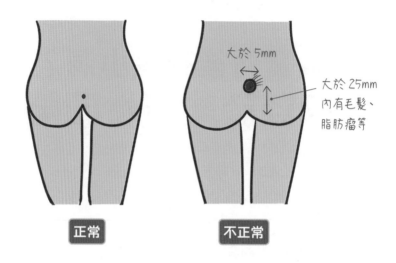

大於5mm

大於25mm
內有毛髮、
脂肪瘤等

正常　　　　不正常

✦ 尾骶骨凹陷會有什麼樣的症狀呢？

單純的尾骶骨凹陷幾乎不會有神經上的異常，但不典型的
尾骶骨凹陷合併神經異常的機會較高。醫師們在觀察尾骶骨凹
陷時，會幫小寶貝們仔細評估下肢的肌肉張力，大小便狀況，
及肛門括約肌的鬆緊程度來看看是否有異常。

✦ 需要做超音波檢查嗎？

目前建議所有的不典型尾骶骨凹陷，一開始會以脊髓超音
波做篩檢，針對隱性脊柱裂做檢查，若有異常會更進一步追蹤
脊髓核磁共振。

小提醒：什麼是脊柱裂呢？

就是脊椎骨不是完整的一圈，而有破洞或裂開的狀況。脊柱裂可以分成開放性脊柱裂或隱性脊柱裂。開放性脊柱裂背部會看到皮膚缺損，而且可能有神經組織澎出。隱性脊柱裂皮膚完整，但可能會看到血管瘤，尾骶骨凹陷或毛髮等構造。

尾骶骨凹陷會需要開刀嗎？

不典型的尾骶骨凹陷，如果影像上懷疑是隱性脊柱裂的話，醫師會詳細檢查脊髓內有沒有脂肪瘤或血管瘤的構造。這些構造會拉扯脊髓腔內的脊髓及神經，造成神經失去功能。也有其他狀況是在嬰兒時期也許沒有症狀，但隨著身高增加，脊髓反而被脂肪瘤或血管瘤沾黏在原處，不能隨之升高，產生後續的症狀。

一旦脊髓被拉扯，而出現下肢沒有力氣或是大小便有失禁的情況，神經外科醫師會在適當的時機開刀，將拉扯脊髓的血管瘤或脂肪瘤組織移除，讓脊髓減壓放鬆。

小提醒

脊髓超音波是新生兒專屬的檢查，爸爸媽媽們如果發現小寶貝的背部有各種外觀異常情形，如凹陷、突起、腫塊、毛髮增生、血管瘤、皮膚病灶等，一定要提高警覺儘快求醫。

寶寶頭怎麼歪一邊？
來談談肌肉性斜頸

✦ 最常見的寶寶斜頸原因—先天肌肉性斜頸

先天肌肉性斜頸是寶寶最常見的斜頸原因之一，大約 250 位寶寶會有 1 位，其症狀在出生後 2 ～ 4 週會逐漸明顯。目前發生原因還不是非常清楚，產前（如胎內頭部姿勢不正）或產中（如困難生產）各種因素都可能有影響。

頸部有一對重要的肌肉稱做胸鎖乳突肌，與頭部轉動有關。當它受傷時就容易造成斜頸症狀。有些寶寶在醫師進行理學檢查或超音波評估時，會發現頸部硬塊或纖維化組織。

有斜頸的寶寶可能伴隨其他肌肉骨骼問題，其中髖關節發育不良是最常見的合併症；另外，斜頸有時也會合併寶寶頭骨後方枕部的頭型不正，目前認為是斜頸造成寶寶睡姿偏向一側而受力不均所導致。

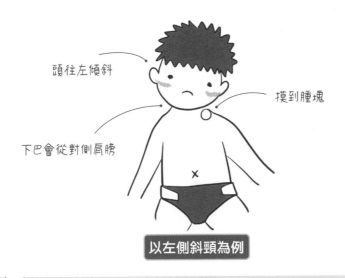

頭往左傾斜

摸到腫塊

下巴會從對側肩膀

以左側斜頸為例

小提醒

除先天肌肉性斜頸外，造成兒童斜頸的原因非常多，其中包含頸椎、神經、眼部、腫瘤等等因素。但因為這些原因造成的斜頸發生機率較低，通常在復健效果不佳或是除斜頸外合併其他症狀時，醫師會進一步評估。

✦ 先天肌肉性斜頸怎麼治療？

如果早期發現，我們可在生活中注意幾個細節，配合醫師或物理治療師指導過後於家中做簡單復健，超過 9 成的孩子可於復健後痊癒喔！少數斜頸較嚴重的孩子（譬如頸部腫塊很大、頭部旋轉受限嚴重等）、或在家復健效果不佳時，醫師也會進一步評估請物理治療師加強復健治療或轉介外科處理。

在家復健主要分三部分：

1. **寶寶的擺位**

   如上頁圖所示，「左」胸鎖乳突肌受傷時會有「頭向右旋轉，向左側傾斜」情形。我們抱寶寶時可讓他倚在我們的「右手」，讓「頭保持右側傾，餵奶時也可以促進左側旋轉」喔！此外，可於大人在旁時讓寶寶維持趴姿，當他試著抬起頭時就是在主動牽拉頸部肌肉，達到復健效果。

2. **環境刺激**

   同樣地當左胸鎖乳突肌受傷時，我們可將寶寶床的右側靠近牆，減少右側對他的吸引力，並於左側放置吸引他的物品，促使他將頭左側旋轉自己做牽拉。

3. **被動牽拉**

   先幫寶寶熱敷放鬆肌肉，然後做兩個牽拉姿勢如下圖，可稍微施加力量維持 10 秒，每回合做 10 次，一天多做幾回合，持續一個月後再回門診評估成效。

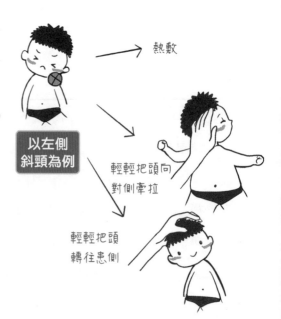

熱敷

以左側斜頸為例

輕輕把頭向對側牽拉

輕輕把頭轉往患側

蛋蛋雞雞論，疝氣、陰囊水腫、隱睪症、包莖

男寶寶剛出生，龜頭無法整個露出正常嗎？睪丸為何會一邊大一邊小呢？照顧男寶寶的會陰部需要注意什麼呢？來一起看看吧！

包莖

剛出生的男寶寶有不少會出現包皮長且緊而產生包莖的現象，也就是無法拉下包皮露出整個龜頭，一般隨著寶寶長大，包莖的狀況會改善，大約在 3 歲以前，有 9 成以上的包莖會改善。也就是說一般在 1 歲前的寶寶，不需要試著將包皮推開露出龜頭，包皮與龜頭在此時是緊密相黏接合而沒有縫隙的，不會有尿垢或其他東西跑進去，如果硬推開包皮與龜頭，反而會製造出空間來藏汙納垢，除此之外推開可能造成撕裂傷而有傷口併發感染，甚至傷口癒合後結痂造成包皮緊縮。

小提醒

所以在清潔包皮龜頭時只要輕輕拉動，清洗可清洗到的地方即可喔！不要硬拉喔！

　　有些小男生 3 歲後如果包皮仍與龜頭緊黏，或是因包莖造成反覆泌尿道感染，可使用類固醇藥膏塗抹包皮前部，讓包皮軟化，大約 1 個月後有約 6 ～ 7 成的男孩包皮就可以推開了。

　　那何時要考慮割包皮呢？這個議題從古至今都是討論熱烈的議題，無論是宗教傳統的原因或是預防感染的理由或是捍衛寶寶身體自主權的原因，有支持者也有反對者，回教世界幾乎所有男寶寶出生後都會割包皮，美國也大約有 6 成的男寶寶出生後割包皮，相反在臺灣則不到 1 成，而目前在醫學界的共識是以下幾種狀況是建議要割包皮的：

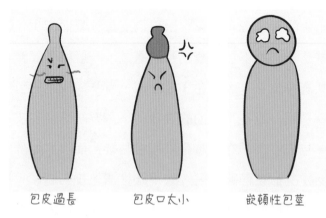

包皮過長　　　　　包皮口太小　　　　嵌頓性包莖

1. 嵌頓性包莖，男孩在某次勃起時包皮因開口太小卡在龜頭之下，造成龜頭瘀血紅腫。

2. 包皮過長造成清潔不易及反覆感染。

3. 包莖開口過小龜頭無法完全露出，導致涓涓細流的尿尿。

　　支持新生兒割包皮的人主張可預防日後可能產生的包皮龜頭炎、泌尿道感染甚至陰莖癌等，不過有許多研究證實割包皮並無法預防以上疾病，而新生兒割包皮可能面臨的壞處包括尿道口發炎、龜頭炎、包皮環狀狹窄等，除此之外還有少部分父母會因為割包皮後難看而再手術第二次，讓寶寶承受不必要的手術或麻醉風險，也因此寶寶割包皮絕不是必要手術，也不是預防未來發生疾病的良好措施。

✦ 陰囊水腫

　　寶寶的蛋蛋怎麼腫腫的且像皮球一樣有彈性呢？最可能是出現陰囊水腫，寶寶出生前睪丸會從腹腔下墜至陰囊，過程會拉出一條通道叫做「腹膜鞘狀突」，這個通道如果沒有閉合，腹腔內的液體可能會流到陰囊內造成陰囊水腫。

　　陰囊水腫外觀可能會整個陰囊腫脹，也可能一邊大一邊小，通常在早晨陰囊會較小且柔軟，而到了晚上則會變大且較緊繃，多數在 1 歲內會自行消退，也要注意過程中有沒有併發疝氣。如果過了 1 歲，自行消退的機會很低，需要接受外科治療。

CHECK

小提醒

陰囊水腫最重要的是
要與疝氣做區分,用
筆燈燈光照射陰囊會
呈現完全透光,反之
如果是疝氣則不會完
全透光。

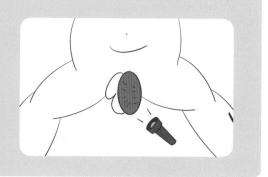

✦腹股溝疝氣

　　如果下墜到陰囊的不是液體而是腸道的話,就形成了所謂
的「腹股溝疝氣」。常常會出現在寶寶哭鬧或用力的時候,會
在鼠蹊部或陰囊摸到硬塊。這時候,盡可能安撫寶寶讓寶寶平
靜,並輕輕推回去。儘管疝氣推得回去,仍建議要盡早手術治
療,因為未關閉完全的通道是不會自己關的!

　　而如果推不回去、或是寶寶出現吐奶、持續哭鬧不安、陰
囊呈現藍紫色,就有可能是腸道壞死的情形,這時候必須趕緊
到急診,並接受手術治療。

小提醒

寶寶年紀越小出現疝氣，
越容易出現腸子卡住的
情況，一定要特別小心
謹慎喔！

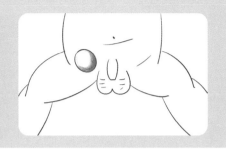

✦ 隱睪症

當陰囊摸不到蛋蛋，很可能是隱睪症，通常陰囊外觀看起
來也會比較小，而隱睪症在早產兒比較常見，一般是在出生後
3 個月內睪丸會自行下降至陰囊，一旦過了 4 個月仍未下降，
則無法自行下降，建議在 9 ～ 15 個月大之間進行手術治療，
如果太晚治療的話，睪丸的發育可能會受影響，而體內過高的
溫度也會讓睪丸產生不好的變化喔。

小提醒

若是寶寶有出現雙側隱睪或是合併陰莖過短、尿道下裂，則需考
慮內分泌問題，盡快轉診至小兒內分泌科喔！

✦✦ 伸縮性睪丸

不過寶寶的蛋蛋有時摸得到，有時卻又像變魔術一樣不見了，這也是隱睪症嗎？其實最可能原因是伸縮性睪丸。每個男寶寶都有提睪肌，當身體感到寒冷時，提睪肌收縮而將睪丸拉高靠近身體較溫暖的地方，反之如果身體感到炎熱，提睪肌放鬆讓睪丸遠離身體而降溫。伸縮性睪丸就是因為提睪肌反射比較強，稍有刺激睪丸便會抬升到腹股溝以上的高度，此時可以試著讓寶寶泡個溫水澡，通常睪丸就會回到陰囊裡。也因此伸縮性睪丸一般是觀察即可，不需要治療。

3

寶寶生病了
怎麼辦？
常見疾病不用怕！

寶寶在成長的過程中難免會遇到生病的情形，也會讓照顧者好心疼！這一章節帶領大家從如何看醫生開始，介紹各種常見的嬰幼兒疾病、治療方法、注意的事項，最後也會讓大家學習如何幫寶寶餵藥，以及類固醇和抗生素的使用守則，這一篇節不但可以增加父母的新知，也可以在寶寶不舒服的時候再閱讀複習一遍喔！

第一次帶寶寶看醫生，要怎麼描述呢？

　　寶寶在成長的路上，難免會遇到生病的情形，我們在診間也常遇到因為寶寶一生病就心慌意亂不知道要講什麼，或是更換照顧者不太確定要問什麼的情況，這一篇來聊聊帶寶寶看醫生，要敘述哪些症狀呢？

✦ 症狀時間的長短

　　症狀的描述是最關鍵的部分，醫師需要了解寶寶的症狀跟持續的時間，例如剛發燒或是已經發燒 5 天可能要考慮的情形就截然不同，另外一般情形退燒超過 24 小時又再發燒起來，可能要考慮二次感染，發燒的頻次是否下降，最高溫是否越來越高，都會影響到醫師的判讀。

✦ 寶貝的精神活動力跟食慾

精神活動力最重要，小於 1 歲的寶貝不會表達不舒服，往往都是以精神倦怠、活動力變差、更愛哭鬧做為表現。

寶貝飲食的情況也要詳細紀錄，喝奶的寶貝可以看奶量有沒有減少，已經開始吃副食品了也可以看看寶貝會不會出現拒食的情形。有沒有合併尿量下降或顏色變深，小一點寶貝可能出現粉紅色的尿酸結晶，暗示可能有脫水的情形。

✦ 之前有類似情況過嗎？

有些疾病會反覆發生，例如泌尿道的感染、熱痙攣等。有些疾病則少有再發生，例如水痘、玫瑰疹（偶爾仍有二次發生）。這些也要告知醫生，這樣方便醫師做判斷。

✦ 寶貝有沒有合併其他問題或對藥物食物過敏？

每一個寶貝都是獨一無二的，如果寶貝有一些身體情況，例如早產兒、心血管疾病、代謝異常等問題，在疾病嚴重程度可能會不一樣。另外某些結構異常也會增加某些疾病，例如氣道敏感容易誘發氣喘、泌尿道逆流容易造成泌尿道感染等。

在臺灣，蠶豆症是十分盛行的疾病，如果寶寶有蠶豆症不能使用磺胺類藥品，另外寶寶若之前用藥會有過敏或不適也要提醒醫師喔。

有沒有接觸到不舒服的人、動植物,或到什麼地方呢?

接觸史也非常重要,通常這個年齡的寶貝接觸到的人相對單純,家庭成員、學校的同學老師有沒有類似症狀,或是在不舒服的前一個禮拜有沒有到公共空間、接觸到動植物,都可能是破案的關鍵喔!

聽醫師來描述治療計畫吧!

聽完問診、做完理學檢查後,兒科醫師會評估是否需要用藥,用藥裡面是否需要包含抗生素或類固醇,如果有抗生素的部分一定要按時吃,不要中間自行停藥喔!

回診

若是有使用抗生素,或症狀較為嚴重的,通常醫師也會安排回診,回診時一樣要記錄上面這些重點喔,跟用藥後的反應如何,都會影響到後續醫師的判斷。

How to Care for a Newborn

寶寶發燒了，怎麼辦？

CASE

5個月大的小睿從來沒有生病過，今天忽然開始高燒起來，但活動力很好，沒有什麼特別的症狀，媽媽緊張地帶來診間，經過醫師評估，小睿可能是被病毒感染，可以先幫助寶寶退燒緩和症狀，如果持續發燒要再回診評估。

通常寶寶看診，發燒應該是照顧者最頭痛最常見的問題了，到底要多積極退燒？要不要用藥？這邊來歸納一些常常遇到的問題，讓照顧的人不用那麼緊張喔！

✦ 為什麼會發燒？

發燒其實只是一種症狀，絕大多數的寶貝發燒是因為「病毒感染」，少部分可能有「細菌感染」、或是免疫以及其他問題。是由於身體發炎造成身體升溫，厲害的發燒前可能會有寒顫、發冷的情形，適度的發燒是免疫力的表現，但常常造成寶貝不舒服。

✦ 怎樣算是發燒？

定義上來說，核心溫度達到 38 度以上可以被認為發燒，耳溫有時候會因為量測角度、耳垢影響，以高的那側溫度為準。3 個月以下的寶貝耳溫有時候準確度較差，可用腋溫、肛溫代替。

小朋友的溫度容易受外在溫度影響，活動、洗完熱水澡後都可能有「假性發燒」，如果不太確定，可以休息 10 分鐘後再偵測看看喔。

✦ 發燒要怎麼處理？

正如同剛剛所說的，發燒是一種「症狀」，適度的發燒有助於免疫力，但是過度的發燒就會讓寶寶不舒服，一般而言，輕微的發燒可以先使用溫水擦澡讓寶貝舒服（但沒有退燒效

果），超過 38.5 度以上的寶貝，容易影響到精神活動力，可以用退燒藥水或塞劑幫助降溫。

常用的退燒藥物有兩種，一般情形使用不傷腸胃的安佳熱就可以了，大部分使用藥物 1～2 個小時左右會退燒，如果嘔吐的厲害，或是寶寶不肯服藥，也可以使用肛門塞劑，但腹瀉嚴重或肛門有手術者不適合。

	Acetaminophen （安佳熱）	NSAIDs 非類固醇消炎止痛藥 （馬蓋仙、伊普芬、塞劑）
劑量	體重 /2	體重 /2～4， 塞劑 12.5 公斤一顆
使用頻次	每 4～6 小時	每 6～8 小時

這邊提醒一下，錯誤的退燒方式也會造成傷害，例如酒精擦澡，使用阿斯匹靈退燒，都會造成嚴重的中毒或肝病變喔！

CHECK

小提醒

有些寶寶體質比較特殊，例如心血管疾病、慢性肺病、貧血、糖尿病或其他代謝異常的寶貝，一旦發燒身體會比往常需要耗能，這時候就需要積極處理發燒問題喔！

另外，容易熱痙攣的寶貝，在體溫處理上也要更小心。

✦ 發燒會不會燒壞腦袋？

發燒並不會直接燒壞腦袋喔！以往會有發燒燒壞腦袋的說法，是因為那時候很多腦炎、腦膜炎等中樞神經感染沒有發現，才會有燒壞腦袋的說法。發燒本身是不會影響到腦袋的，但特別注意人體的溫度大部分是恆溫的，如果到 41 度以上的溫度，很可能是腦部恆溫系統出現問題，一定要送醫確定有沒有中樞神經被影響了！

✦ 怎樣要趕快送醫呢？

通常小朋友發燒爸爸媽媽都會很緊張，但有些時候就醫不是那麼方便，或是不太確定要不要就醫，這邊給爸爸媽媽一些一定要送醫的情況。

1. 3 個月以下嬰兒的發燒，小小孩免疫系統尚未成熟，發燒可能合併敗血症或神經系統的感染，務必就醫檢查喔。

2. 出現脫水的表現，例如，尿量大幅減少、哭時沒有眼淚。

3. 退燒時仍活動力不佳。

4. 出現神經系統的異常，例如昏睡叫不醒、痙攣、肌抽躍、持續頭痛嘔吐、表現呆滯。

5. 出現呼吸道異常，例如呼吸急促、呼吸時肋骨下緣凹陷、鼻翼隨呼吸擺動、四肢膚色發黑。

6. 皮膚出現壓不退的紫斑。

7. 發燒超過 3 天，仍持續高燒或症狀變嚴重。

How to Care for a Newborn

寶寶喀喀嗽
常見呼吸道疾病

CASE

7 個月的晴晴跟爸爸都出現咳嗽流鼻水，但晴晴發燒了，呼吸有輕微的喘鳴聲，而且精神變差，帶來診間，晴晴被診斷出「急性細支氣管炎」，爸爸好困惑，都是咳嗽流鼻水，為什麼小朋友的症狀跟大人不一樣呢？

其實，嬰兒的氣管的確跟成人不一樣喔！小朋友的呼吸道感染也是千變萬化，讓我們一起來看看關於呼吸道感染的面面觀吧！

✦ 急性上呼吸道感染：普通感冒

感冒是診間最常看的問題，正式的名字叫做「急性上呼吸道病毒感染」，感染源最常見的是鼻病毒，最常見的症狀為輕微的發燒、咳嗽、鼻水，一般 3 ～ 5 天會逐漸康復，大部分人

都有得過感冒，不需要使用抗生素，僅需要普通的症狀藥物緩解不適，寶寶如果感染，6個月以上可以適當的補充水分。

✦ 流行性感冒－流感

比較容易跟感冒搞混的流行性感冒，名字雖然很像，但症狀卻不一樣，容易有全身症狀也容易有併發症，尤其在老年人、幼兒及慢性病病人等高危險族群，但好在現在流感疫苗有疫苗可以接種，但須注意，流感病毒每年都會突變，每年都需要重新接種喔！

	普通感冒	流感
發作時間	任何時候都常見	秋冬容易得到 在臺灣有雙峰的現象 也就是夏天跟冬天各有一波
發作症狀	喉嚨疼痛、流鼻水、咳嗽，少見發高燒，肌肉痛等	容易合併全身症狀，喉嚨疼痛、發高燒、肌肉痠痛、全身無力
病程	3～10天	1～2週
併發症	少見	有時候會誘發嚴重的併發症例如肺炎、腦炎、心肌炎，甚至造成死亡
感染後免疫力	無	同類型感染後會有保護力
疫苗	無	有，每年10月開打，6個月以上即可施打，8歲以前首次接種需接種兩劑

✦ 扁桃腺炎

扁桃腺是咽喉後的兩球淋巴腺體，有外來病菌時會發揮免疫作用，當抵抗力下降時，就會發炎產生扁桃腺炎，有時會合併化膿。絕大多數的扁桃腺炎是病毒造成，也就是說不需要使用到抗生素就可以痊癒，但少數由鏈球菌造成的扁桃腺炎（一般好發於 3 歲以上兒童），則必須使用十天的抗生素，以避免嚴重的全身性感染喔。

扁桃腺炎的治療原則

1. 由於喉部疼痛可能會影響寶貝食慾，適當的給予止痛藥物或是止痛噴劑。

2. 如果疼痛無法緩解，寶貝食慾大幅下降影響尿量，可能須考慮點滴治療。

3. 3 歲以上孩子需排除細菌感染，可以做 A 型鏈球菌的快篩喔。

✦ 急性細支氣管炎

急性細支氣管炎好發於 2 歲以下幼童，是因為寶寶的細支氣管尚未成熟，當病毒大軍來襲，例如呼吸道融合病毒、副流感病毒或是流感病毒，因為發炎、分泌物、支氣管攣縮，造成類似氣喘的吐氣時喘鳴聲，也是 2 歲以下寶寶住院常見的問題。

最常見的症狀

1. 初期症狀類似感冒，會有咳嗽、鼻水。

2. 發燒，可能持續 3～5 天左右。

3. 後續出現越來越劇烈的咳嗽，聲音伴隨著痰音，病程大約 7～10 天，最長可到 2 週。

4. 呼吸伴有喘鳴聲，有點像氣喘的吁聲。

5. 嚴重的寶寶若會出現呼吸急促、鼻翼煽動、肋骨下凹陷、脣色發紫，就是要緊急送醫的狀況喔！

治療幾點要注意

1. 並非所有寶寶都要住院，但都要注意水分以及電解質的補充，可以讓寶寶吹一點常溫蒸氣以及適量幫寶寶拍痰。

2. 症狀治療藥物可以適量給予。

3. 避免二手菸、氣溫轉換過大，盡量不要出入人多複雜的地方，容易二次感染。

CHECK

小提醒：呼吸道融合病毒 RSV

呼吸道融合病毒 RSV 是秋冬大魔王，幾乎所有小孩都會得過，在 2 歲以下常發展成急性細支氣管炎，2 歲以上因為免疫較佳可能僅有呼吸道症狀或輕微發燒。

在預防方面，RSV 不難防範，他擁有病毒的外套膜，可以被酒精、乾洗手殺死，所以勤洗手、戴口罩還是預防的不二法門。此外，

哺餵母乳亦證實有部分預防效果，而部分高危險群的孩子則可以施打呼吸道融合病毒抗體（Palivizumab），會減緩產生的病症，但通常只有 1 個月的保護力。而新的疫苗正在研發當中。

CHECK
小提醒：關於寶寶的拍痰

嬰幼兒的拍痰，建議要在餵奶後 2 小時進行比較不容易吐奶，拍痰時，手掌呈現杯狀，左右拍擊，力道跟拍嗝類似，每一部位停留 3 ～ 5 分鐘，稍微頭低腳高，以寶寶舒適的位置即可，通常 1 歲以前由於肌力不足，大部分痰不容易被拍出，痰的排出大部分吞下或是自然分解。哭鬧中的嬰兒拍痰反而不利於寶寶照護，並不建議喔！

哮吼

哮吼是由於病毒感染後，因為上呼吸道腫脹而造成呼吸阻塞，最常見的病毒是副流感病毒、呼吸道融合病毒、腺病毒、流感病毒、新冠肺炎病毒，一般流行於秋冬季節，常常好發於 6 個月～ 3 歲的嬰幼兒，會有很特別的咳嗽聲音。

哮吼常有的症狀

1. 狗吠式的咳嗽，像小狗發出的聲音一樣，凹嗚凹嗚的咳嗽聲。

2. 聲音沙啞。

3. 吸氣時產生的「痾」的聲音，通常醫生聽診會比較明顯聽到。

4. 發燒、流鼻水、喉嚨疼痛。

5. 如果出現呼吸急促、鼻翼煽動、肋骨下凹陷、唇色發紫，就需要緊急送醫，並由醫師評估需不需要做影像，跟比較危險的急性會厭炎作區別。

哮吼要怎麼處理呢？

1. 咳嗽厲害的孩子會使用類固醇以及腎上腺素蒸氣治療。

2. 通常症狀最嚴重是前 2 ～ 3 天，病程大約 1 週。

3. 居家治療的時候，可使用蒸氣，例如在充滿蒸氣的浴室休息 10 分鐘，或是常溫加濕器，不建議使用加溫後的，會比較容易低溫灼傷！

鼻竇炎

鼻竇是位於鼻腔、眼睛周邊的空腔，通常做為通氣、共鳴的腔室，並有纖毛可以幫助排除髒污，但當病菌趁虛而入（常見於病毒性感染後），鼻腔被濃稠的分泌物塞住，黏膜腫脹發炎、細菌孳生，便會形成所謂的鼻竇炎。

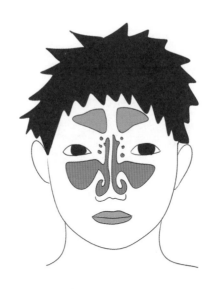

鼻竇會因年齡慢慢發育完成

　　因此我們常常看到孩子出現以下症狀：

1. 流出黃膿鼻涕。

2. 鼻塞狀況明顯。

3. 明明發燒已退又發燒、或是持續發燒。

4. 臉頰感到悶脹或疼痛感、或頭痛。

5. 嗅覺異常或喪失。

6. 出現明顯新的口臭。

　　治療鼻竇炎，務必要按時服用抗生素，以免養出可怕的抗藥性細菌，也要定時回診，確定抗生素的效果跟副作用喔。

✦ 中耳炎

　　我們的耳朵裡有一條細細的耳咽管，從中耳連通到鼻咽，當受感染的時候細菌趁虛而入，就形成了中耳炎。也是小朋友最常見的耳朵問題，國外研究顯示 80% 以上未滿 3 歲兒童至少得過一次中耳炎。

中耳炎常常會造成

1. 耳痛。

2. 發燒。

3. 聽力下降。

4. 在小小孩還不會表達不舒服的時候，可能表現煩躁不安、抓耳朵。

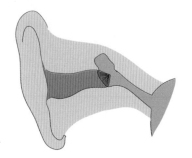

中耳炎時耳膜紅腫，可能併有積水

　　中耳炎跟鼻竇炎類似，一樣會使用抗生素，不過在新的研究指出，在大於 6 個月的孩子、若沒有急性症狀，可以先觀察 48 ～ 72 小時再決定要不要使用抗生素，醫師常常也會給予止痛、抗組織胺類藥物來幫助症狀緩和，比較不容易惡化。如果合併積液或發炎厲害，就考慮使用通氣管，需要定期回診追蹤。

小提醒

中耳炎如沒有適當治療，有時候併發聽力損失、耳膜穿洞，也有可能影響前庭系統造成前庭炎或影響到周遭器官導致乳突炎、腦膜炎等併發症。反覆中耳炎亦可能產生耳膜上的膽脂瘤造成反覆感染需要手術治療喔。

肺炎

　　肺炎常常繼發於感冒之後，由於免疫力未能抵擋病菌，細菌、病毒或是真菌進入到肺部當中，誘發肺泡發炎，典型的化膿性肺炎常常由肺炎鏈球菌、b 型嗜血桿菌與金黃色葡萄球菌感染而得，也是寶寶住院常見的原因。

常有的症狀：

1. 發燒持續或是雙峰性發燒。

2. 精神活動力下降，即便退燒也沒有恢復。

3. 咳嗽症狀惡化，合併嚴重的痰音，可能伴隨呼吸喘、或是低血氧。

4. 照 X 光可見發炎。

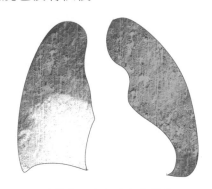

肺炎時 X 光呈現大片發炎

小提醒：兒童正常平靜時呼吸速率極限，超過代表喘

<2 月	>60 次 / 分鐘
2 ～ 12 月	>50 次 / 分鐘
1 ～ 5 歲	>40 次 / 分鐘
>5 歲	>20 次 / 分鐘

治療原則

1. 遵循醫囑給予抗生素，中間症狀緩解也不建議擅自停藥。
2. 補充水分，以及適當的拍痰。
3. 如果症狀加劇，可能需要考慮住院治療。

✦ 非典型肺炎

　　非典型肺炎跟典型化膿性肺炎不同，精神活動力一般影響較少，小一點的寶貝最多是病毒性肺炎、大一點的孩子最有名的就是黴漿菌，一般少見於 1 歲以下的小孩，更常見於 2 ～ 5 歲以上學齡兒童，但有時會由上學後的哥哥姐姐帶病菌回來傳染於嬰幼兒。

黴漿菌最常見的症狀

1. 可以從毫無症狀，到上呼吸道感染、咽炎、肺炎甚至全身其他器官的感染。

2. 全身疲倦無力、頭痛、咽喉痛及輕微發燒，接著 2 ~ 4
   天會出現乾咳接著帶痰咳嗽。

3. 常誘發氣喘等特色性喘鳴。

4. 年齡越小的病童症狀越輕微，反而是年齡較大的學齡兒
   童或是青少年，症狀反而較明顯且嚴重。

5. 肺炎的特色，常被稱為「行走性肺炎」，意即小孩活力
   好到可以蹦蹦跳跳但胸部 X 光卻有大片感染。

6. 會導致肺外症狀，例如皮疹（最著名的是多型性紅斑）、
   噁心嘔吐，或少見神經學症狀，如腦炎、神經炎。

✦ 新型冠狀肺炎

　　新冠肺炎在 2019 年崛起後，關於兒童的研究也越來越多，
在兒童的症狀多變，有時發展迅速，要特別留意。

新冠病毒的症狀

1. 前 3 ~ 6 天一樣會有類似感冒的症狀，主要是發燒、咳
   嗽、鼻塞／流鼻涕與喉嚨疼痛。

2. 兒童有時會以腸胃道症狀表現，例如嘔吐、腹瀉。

3. 大一點小孩可能會表現頭痛、疲倦、嗅覺喪失。

新冠肺炎治療原則

1. 3 個月以下孩子、出現 41 度以上高溫、出現神經學症狀、
   低血氧 < 94％、呼吸喘直接就醫。

2. 其他輕症狀寶貝，居家治療時監測有無上述症狀，並觀察活動力以及食慾。

3. 適當使用症狀治療藥物。

4. 維持母乳以及配方奶補充，開始添加副食品的寶貝注意清淡飲食，重口味、過甜、油膩的食物容易引發嘔吐。

5. 6 個月以上孩子適當補充水分以及電解質。

✦ 百日咳

　　百日咳桿菌是一種高度傳染性的呼吸道細菌，好發於小於 1 歲的幼童，由於現在疫苗的普遍施打現在已經比較少見了，但若大人小孩都有症狀，或是尚未施打疫苗的小小寶貝出現劇咳需要放入考慮喔。

常見的症狀包括

1. 一開始類似感冒，流鼻水、發燒、以及咳嗽。

2. 後續產生劇烈咳嗽，伴隨哮聲以及咳嗽後嘔吐。

3. 較小的寶貝可能出現呼吸暫停，或是發紺發紫現象。

4. 病程可以連綿數個月以上。

小提醒：百日咳桿菌疫苗

我們目前常規疫苗中的五合一疫苗就包含了百日咳的成分，可以保護我們的寶寶不受影響，但是，這個疫苗效果大概只有 5～10 年，青春期以後的青少年就沒有保護力了。

但由於剛出生的寶貝還沒有保護力，因此也會建議孕婦跟家裡有幼童的父母施打百日咳疫苗來保護新生兒。

（孕婦建議 28～32 週時接種，抗體可以經由胎盤傳遞給寶寶，以此提供被動免疫喔。）

常見的
出疹感染疾病

9個月的小花平常蹦蹦跳跳的,某天突然發起了高燒,但精神活動力非常不錯,3天後退燒了,卻出現了大大小小花花的疹子,媽媽很擔心,帶到了診間,醫師診斷出是玫瑰疹,並告訴媽媽,出疹子就不用太擔心囉!

寶寶一旦出現疹子,照顧者們一定很擔心。其實紅疹的原因非常多,但最需要小心的是因為感染病菌而得到的疹子。但其實這些疹子一般不會癢也不會痛,卻常合併其他的相關症狀。在這邊我們來介紹常見的常見出疹疾病。

✦ 玫瑰疹

　　許多照顧者應該都對玫瑰疹有經驗，這個疾病幾乎在每位寶寶都可能會得過，差別在嚴重程度與否，玫瑰疹好發在小於 2 歲以內的寶寶，不過實務上要在發病初期就診斷玫瑰疹，其實不簡單。

玫瑰疹典型的病徵：

1. 反覆發燒 3 ～ 5 天，而且常會燒到 39 ～ 40 度以上。

2. 燒比較退的時候，寶寶活力食慾好猶如一尾活龍。

3. 沒有呼吸道相關的症狀，偶爾見到輕微的腹瀉。

4. 最重要的是在最後一次發燒，燒退後的半天至一天內出現疹子，這些疹子大多分布在軀幹以及頭頸，不痛不癢，典型的還可以像是聖誕樹一般的分布，疹子大多持續 3 ～ 5 天便會慢慢褪去，這些疹子不需做任何藥膏擦拭或口服藥物使用。

5. 喉嚨可能輕微發炎。

　　玫瑰疹並沒有檢驗工具可以確診，如果寶寶燒退後出現疹子，八九不離十就是得到玫瑰疹，因此所以實務上需要照顧者以及醫師們仔細觀察以及病史詢問。而玫瑰疹預後良好，照顧上主要針對高燒造成寶寶的不適來做照顧，尤其未滿 1 歲的寶

寶由於腦部還未發育完全,容易因為高燒出現熱痙攣,大多熱痙攣是良性,這時要針對熱痙攣做適當的處理。(請參見後面熱痙攣處理的章節)。

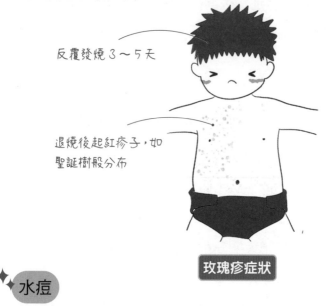

反覆發燒 3～5 天

退燒後起紅疹子,如聖誕樹般分布

玫瑰疹症狀

✦水痘

一般而言,水痘好發在 3～9 歲的孩童,但是一旦感染未滿 1 歲的寶寶,症狀往往較為嚴重,他是透過水痘病毒感染而傳染力極強,透過飛沫、接觸與空氣傳染,另外成年人身上的帶狀皰疹就是水痘病毒再活化而產生,亦有可能經接觸傳染給沒有抗體的寶寶。

寶寶一旦感染水痘,可能會出現以下症狀:

1. 反覆發燒 2～5 天。

2. 噁心嘔吐。

3. 活動力食慾下降。

4. 皮膚紅疹，通常會由軀幹往四肢延伸分布，紅疹會變成水泡然後再變成痂皮，俗話說的像玫瑰花瓣上的水珠，在紅疹出現前 2 天到形成痂皮都會有傳染力，通常紅疹或水泡會搔癢甚至痛，除此之外水痘在同一時間會出現水泡也有結痂的病灶。整個病程大約 1 週左右。

　　未滿 1 歲的寶寶感染水痘還容易產生嚴重的併發症如腦膜炎、肺炎、敗血症、繼發性細菌感染等，因此未滿 1 歲的寶寶如果懷疑得到水痘，加上尚未施打水痘疫苗，實務上大多會建議寶寶要住院進一步觀察與治療。對於大多數的寶寶來說，得過一次水痘可提供終身免疫力。不過由於未滿 1 歲的寶寶抵抗力不佳，一旦感染水痘，也建議使用抗病毒藥物治療。

CHECK
小提醒：打水痘疫苗的時機點

1. 滿周歲時公費接種。

2. 4 ～ 6 歲時自費接種。

3. 13 歲以上若還沒接種，應間隔 4 ～ 8 週接種兩劑。

4. 若尚未接種第二劑型碰觸水痘患者，72 小時內可以接種。

✦✦ 腸病毒

　　腸病毒，名字裡雖然有「腸」，但卻不常見腸胃道吐吐拉拉的症狀喔！腸病毒是一種傳染性極高的病毒，腸胃道、呼吸道、接觸都能傳染，在臺灣，炎熱的夏天或是開學季都是好發的時間，他的潛伏期大約是 2 ～ 10 天（通常 3 ～ 6 天），也就是說如果寶貝接觸了腸病毒的患者，需要觀察一個星期有沒有發燒或是起疹子的情形喔。

	疱疹性咽峽炎	手足口病
發作症狀	發燒，喉嚨後側咽峽部出現水泡或潰瘍，偶會併發嘔吐。	發燒，出現特色性的水泡型皮疹，位置分布於口腔黏膜、手掌及腳掌。少部分會影響到膝蓋及臀部。
病程	4 ～ 6 天	7 ～ 10 天
圖示		

寶寶感染到腸病毒了！該怎麼照顧呢？

1. 腸病毒目前沒有特效藥，只能依靠多休息增加免疫力，一般 7 ～ 10 天恢復。

2. 嘴巴破的孩子常會痛到沒有食慾，進而造成脫水、體重下降的情形，若尿量大幅降低出現脫水情形可能需要住院使用點滴。

3. 選用冰涼可口、低渣、高熱量的食物，嬰幼兒還是以母奶配方奶為主，比較大的小孩（1 歲以上）可以適量挑選可口的食物，例如冰淇淋、調味乳、優酪乳等。

4. 適量使用止痛噴劑，用餐前 15 ～ 30 分鐘噴灑最有效。

5. 避免寶寶搔抓身上的疹子，室內維持涼爽。

6. 不出入公眾場合，避免二次感染。

7. 周遭環境做好漂白水清潔，勤洗手。

8. 注意是否產生重症現象，3 ～ 7 天是關鍵。

腸病毒重症前驅症狀，如果出現務必送醫！

1. 持續的嘔吐。

2. 昏睡不醒，精神活動力大幅下降。

3. 平靜時呼吸心跳增加。

4. 肌躍型抽搐，很像是嬰兒時期的驚嚇反射，連續出現十幾次。

小提醒

目前對於腸病毒接觸後的物品，有效的消毒方法為含氯漂白水、煮沸及日曬（紫外線），其他酒精、乾洗手都是沒有效果的唷！

小提醒：腸病毒 71 型疫苗

腸病毒現在有疫苗可以預防，但目前只有針對容易造成重症的 71 型喔！

✦ 疱疹性齦口炎

疱疹性齦口炎是由第一型單純疱疹病毒（HSV-1）感染造成的，偶爾會跟腸病毒搞混。潛伏期約為一個星期。由於是接觸傳染，如果大人有感染疱疹病毒，千萬不要再去親吻寶寶。

疱疹性齦口炎有什麼症狀呢？

牙齦、口腔黏膜會出現大量潰瘍腫痛、口臭並合併突發性高燒以及淋巴結腫大。病童可能會疼痛到無法進食，較小的嬰幼兒需就醫，少部分會出現嚴重的神經系統感染。

小提醒

有些感染疱疹性齦口炎的寶貝會去吸吮自己的手指，產生疱疹性指頭炎（Herpetic whitlow）產生水泡、膿瘍，以及紅腫疼痛的現象。而接觸眼睛亦會導致角膜受損，一定要注意！

疱疹性齦口炎要怎麼處理呢？

1. 跟腸病毒類似，可以使用軟質、流質食物、噴劑減緩疼痛。

2. 症狀嚴重、年齡較小、免疫功能受損的小朋友可以使用抗病毒藥（Acyclovir）。

3. 如果寶貝出現意識不清、脫水、嗜睡，請務必就醫。

✦ 其他

不過寶寶如果寶寶正在高燒也出疹子，也要小心可能不是單純的病毒疹，腸病毒、疱疹病毒、水痘等的感染常會發燒又有疹子，但有些嚴重的細菌感染如金黃色葡萄球菌、鏈球菌、綠膿桿菌、恙蟲病、腦膜炎雙球菌等感染會發燒又紅疹，另外還要小心川崎氏症，而且新冠感染後要小心的 MIS-C 多系統發炎症候群也是會發燒又有紅疹。除了以上還有很多，所以有發燒又有紅疹的孩子基本上都建議要就診檢查。

尿尿味道重又混濁，小心泌尿道感染

 3個月的小悅出生時做腎臟超音波有腎盂腫大正在持續追蹤，某天忽然發燒到39度，活動力下降且不愛喝奶輕微的嘔吐，到了門診爸爸表示，小悅的尿尿最近味道很重，醫師做了尿液檢查，結果是泌尿道感染，給了10天左右的抗生素，追蹤尿液正常，小悅又恢復平常愛喝愛笑的可愛模樣。

✦ 泌尿道感染

泌尿道感染是指原本應該乾淨無菌的尿道被細菌入侵，最常見感染的細菌是附著在會陰的腸內菌，如大腸桿菌、腸球菌。

一般寶寶的尿液是淡黃清澈的，而一天換尿布次數大約至少6～7次是正常的，如果寶寶的尿布上尿液的顏色變得混濁，

或是味道特別臭，或是尿布上有膿，代表寶寶有可能有泌尿道感染了。

其實，小於 1 歲寶寶如果出現不明原因的發燒，卻沒有其他呼吸道和腸胃道等相關症狀，就要考慮是否為泌尿道感染，跟大人不同，不太容易表現頻尿、尿尿疼痛的情況。厲害的泌尿道感染可能也會產生食慾活力下降、哭鬧不安，甚至嘔吐、黃疸。

CHECK

小提醒

嬰兒如果反覆泌尿道感染，男寶寶要觀察是否有包莖、女寶寶是否有陰脣沾黏，也要小心是否有先天性結構的問題，最常見的例如膀胱輸尿管迴流症，而這些通常會需要安排影像的檢查來排除結構有無問題。

泌尿道感染怎麼診斷呢？

診斷上會需要留小便檢體化驗，護理師會幫忙寶寶貼尿袋收集尿液！留到小便後根據尿液是否有白血球或其他數值，初步判斷是否感染，之後 3 ～ 4 天後也會看尿液的培養是否有長菌，來判斷長何種細菌以及針對常見的抗生素是否有抗藥性，就像是先看尿液中是否有警察，再看是否真的有壞人藏在尿液裡。

泌尿道感染要怎麼治療呢？

　　一旦確認是泌尿道感染會需要抗生素治療，一般會依症狀嚴重程度、寶寶的年紀以及可否有口服抗生素來決定是否需要住院。

　　很多照顧者會因為寶寶泌尿道感染而感到自責，認為自身照顧不當才造成寶寶感染，其實 1 歲以下的寶寶不會自己喝水，也不會表達排尿不適，泌尿道感染本就不少見，也較難預防，各位照顧者們可以做以下的預防措施：

1. 尿布經常更換。
2. 排尿及排便後會陰部的清潔，要由前往後，避免細菌由肛門口帶往尿道造成尿道口汙染。
3. 幫寶寶洗澡時，會陰部不宜泡水過久。

✦✦ 陰道炎

　　有時會看到女嬰寶寶的外陰部紅腫，更甚著可能會有類似膿的液體流出，可能會有惡臭，這些症狀極有可能代表陰道發炎了，最常見的原因是寶寶缺乏雌激素保護陰道上皮，使得陰道抵抗力差，易遭受病菌感染，絕大多數與皮膚表皮細菌或腸內菌的感染有相關。

要如何預防陰道炎

1. 養成由前往後擦拭的好習慣，不要讓腸胃道細菌來搗亂。

2. 勿使用鹼性清潔劑（如肥皂，一般沐浴乳）清洗。

3. 尿布使用透氣舒適材質，定期更換。

陰道炎的治療方法

1. 改變衛生習慣。

2. 局部使用藥膏治療。

3. 必要時使用抗生素。

✦ 包皮龜頭炎

　　此疾病雖然好發於 2 ～ 5 歲小男童，但是偶會見到在小於 1 歲的男寶寶，輕微的症狀如生殖器前端會紅腫並有少量分泌物，厲害的發炎可能產生黃膿、發臭、無法排尿，甚至發燒、活動力食慾下降等，一般使用局部與口服抗生素治療即會改善許多，預防方法可能有些照顧者會想是不是應該把包皮剝開洗乾淨，其實在先前章節有提過，一般在 1 歲前的寶寶，不需要試著將包皮推開露出龜頭，包皮與龜頭在此時是緊密相黏接合而沒有縫隙的，不會有尿垢或其他東西跑進去，只要用清水清洗，也不需要過度使用沐浴乳清潔液來做清潔！

診間裡的大魔王，熱痙攣、腦膜炎、腦炎一次看

✦ 痙攣與寒顫

要介紹熱痙攣之前，首先要先和大家介紹一下痙攣和寒顫。這兩者有時非常難區分，今天來跟大家簡單區別吧！

1. 什麼是痙攣？

痙攣是指全身規則性不自主的抖動。造成痙攣的原因有很多種，可能是因為腦部受傷造成大腦放電，或是電解質不平衡，血糖過低，或是發燒等等狀況都有可能造成痙攣。痙攣會合併意識喪失，而且抖動較為規律，醫生有時看到病人當下會按住病人抖動的肢體，如果無法被壓制下來會比較像痙攣。另外有些病人也會有眼睛上吊，口吐白沫，臉色蒼白及嘴唇發紫等等。跟等等要介紹的寒顫其實有蠻大的不同。

2. 什麼是寒顫？

相對於痙攣，寒顫就相對常見的多。寒顫，也是我們可能比較熟知的發抖，常常發生在發燒前期，因局部血液循環不佳，身體自然產生的行為。但有時發作的當下，病童就是全身肢體抖動。

3. 區分痙攣與寒顫

- 評估小朋友意識狀態：寒顫的當下小朋友通常意識清楚，而痙攣則合併意識喪失。如果小朋友在熟睡當下不好評估意識，也可以按住病童的肢體看看此動作是否可被壓制下來，可被壓制住的動作則比較像寒顫。
- 持續時間：大部分兒童痙攣時間不會太久，如果持續較久可能是較為嚴重的痙攣或是可能是單純寒顫。
- 是否合併口吐白沫，臉色蒼白及嘴唇發紫等：有則比較像痙攣。

然而，在遇到疾病的當下，照顧者也許不是能第一時間判斷此種情形究竟是寒顫或痙攣。如果當下病人相對穩定，有人手在旁邊的話，也可請他人手機錄影當下的動作，給臨床醫師做進一步參考。

小提醒：寶寶發生痙攣了怎麼辦？

抽搐的狀況通常時間不會太長。

1. 將孩子身體側臥，避免口水分泌物嗆到呼吸道中。
2. 這時寶寶可能全身僵硬，牙關緊閉，切勿把手指或湯匙放到小孩口腔中，避免受傷。
3. 儘速就醫求診。

✦ 熱性痙攣

CASE　爸爸媽媽抱著手中的寶寶進到急診室，緊張地跟醫生剛剛寶寶全身僵硬抖動，唇色發黑，眼睛上吊且口吐白沫，護理師一量燒到 39 度，馬上給予緊急處理，經過退燒處理後寶寶症狀緩和下來，後續檢查也都正常。這是許多爸媽及兒科醫師常常碰到，但也最害怕的熱痙攣。到底什麼是熱痙攣，會是腦炎或腦膜炎嗎？

　　熱性痙攣是許多父母最最擔心的情形。看到家中的寶貝突然失去意識對許多家長來說一定是煎熬萬分。熱性痙攣，顧名思義，是發燒導致的痙攣。目前醫學界認為，熱性痙攣與「體質」息息相關。所謂的體質，可能跟家庭遺傳或基因有關係，這些小朋友後來再仔細詢問也通常會問到爸爸媽媽小時候也有熱痙攣的狀況。

熱痙攣發作的年紀通常在6個月到5歲之間。年紀太小（小於6個月）或年紀太大（超過5歲）的痙攣，必須要考慮是不是有其他問題，例如癲癇或腦炎發生。

1. 熱痙攣有哪些種類

- **單純型熱痙攣**：通常發作時間不會超過15分鐘，而且為全身性抖動，並且在24小時中只有發生這一次。單純型熱痙攣為單次發作，醫師會建議父母觀察孩子精神活力及發燒狀況，積極退燒並找出發燒的原因。燒退了自然就沒症狀了。

- **複雜型熱痙攣**：相對於單純型熱痙攣，若是發作時間過長，有局部抖動（如右手右腳抽的更為明顯），或是一天大於2次以上，則為複雜型熱痙攣。複雜型熱痙攣通常會建議詳細做檢查，必要時甚至要住院觀察

2. 熱痙攣會傷害腦袋嗎？會造成癲癇嗎？

　　其實，不管是單純型熱痙攣或複雜型熱痙攣，它們都是熱痙攣，跟之後會不會變癲癇，不一定呈正相關。雖然症狀相似，不過熱痙攣是發燒及本身體質造成的，與癲癇沒什麼太大關係。目前醫學界認為熱痙攣之後變成癲癇的機率比沒有熱痙攣的小朋友稍高一點，但沒有證據顯示熱痙攣之後一定是癲癇，爸媽不用特別擔心。

　　熱痙攣本身是個良性的痙攣，持續時間不長，也對腦部沒有後續傷害喔！

腦膜炎

CASE 寶寶高燒不退，這幾天也變得比較嗜睡，食慾不好，一摸頭頂上的「凶門」發現膨出。醫師建議住院檢查，腦脊髓液檢查發現寶寶得到了腦膜炎。

1. 什麼是腦膜炎呢？

腦膜炎是嬰幼兒神經疾病中最常見的，是指本來無菌的腦脊髓膜液被細菌病毒入侵，是嬰兒發燒及活力變差的重要原因之一。3 個月以下的嬰兒由於血腦障蔽不佳，病菌有較高的機會進入腦脊髓膜之中。

2. 腦膜炎常見的症狀

腦膜炎常有的症狀包括發燒、嘔吐、眼神異常、活力差、後頸部僵硬等表現，後期甚至會有抽搐或是前凶門突出的狀況。

診斷需要進行腦脊髓膜液的檢查，因此醫生可能會安排腰椎穿刺，很多人擔心抽取腰椎穿刺會不會有危險，其實不用過度擔心，腦脊髓膜液的抽取一般安全也不會傷害到神經，如同抽血一樣，會有一個小小的針孔，抽取完需要平躺休息 6 ～ 8 小時。

3. 腦膜炎常見的病因是什麼？

嬰兒腦膜炎可能是病毒或細菌感染所造成，常見的感染源包括：

- **細菌**：較小的嬰兒以李斯特菌、大腸桿菌、或是乙型鏈球菌為主。較大的嬰兒也要小心腦膜炎雙球菌、肺炎鏈球菌或是 B 型流行嗜血桿菌的感染。
- **病毒**：流行性感冒病毒，腸病毒，泡疹病毒，甚至新冠病毒等等都有可能會造成腦膜炎。

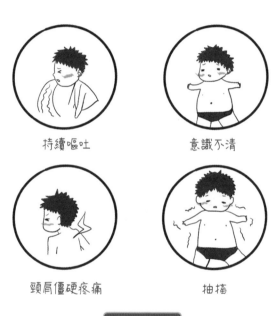

持續嘔吐 意識不清

頸肩僵硬疼痛 抽搐

腦膜炎症狀

治療原則：

　　腦膜炎的治療根據感染的原因，醫師會對症下藥，給予適當的抗生素或是抗病毒藥物治療。治療完成後也要密切追蹤神經學及聽力狀況，確保之後神經狀況沒受到影響。

如不幸發生神經性後遺症如腦性麻痺，則需要做長期的復健治療。

小提醒：預防腦膜炎

1. 預防腦膜炎，平時應增強抵抗力，多洗手。
2. 定期接種常規疫苗。另外，每年固定的流行性感冒病毒疫苗及新冠疫苗也建議接種。
3. 有特定健康風險者，如先天或後天免疫缺陷，使用免疫抑制劑、兩個月以上的嬰兒也可考慮接種自費 B 型流行性腦脊髓膜炎疫苗，尤其是嬰幼兒以及密集團體生活者。

✦ 腦炎

造成腦炎的原因與腦膜炎相似，可能是病毒或細菌感染。症狀也與腦膜炎相似，會有發燒、嘔吐、眼神異常、活力差、抽搐或是前囟門突出等表現。另外，持續嗜睡，叫不太醒則是腦炎的一大特色。

腦炎發生之前有一些特定前驅症狀，家屬一定要特別留意：

腦炎前驅症狀

1. 體溫大於 41 度。
2. 持續昏睡。

3. 持續嘔吐。

4. 抽搐。

5. 意識不佳。

6. 持續頭痛。

7. 肌躍型抽搐：像突然被嚇醒一樣。

8. 步態不穩。

治療原則：

　　腦炎的治療也是根據感染的原因，對症下藥。腦炎的治療也著重於支持性治療，給予降腦壓藥物、免疫球蛋白、類固醇治療等。

　　如不幸發生神經性後遺症，如腦性麻痺，則需要做長期的復健治療。

發燒一定是感染嗎？
不可忽視的其他發燒問題
川崎氏症、過敏性紫斑症

CASE 4 個月的雅雅忽然高燒了好多天，沒咳嗽沒拉肚子，但是身上起了好多疹子，結膜也紅腫了起來，診所醫師懷疑川崎氏症，建議轉診醫院。發燒不退且找不到明顯呼吸道、腸胃道、泌尿道問題，這是很多照顧者遇到的問題，今天來談談不是感染造成的發燒疾病。

✦ 川崎氏症

在 60 年前的日本東京，川崎富作博士發現了許多小朋友會莫名高燒多天，並且伴隨著許多特別症狀：眼睛紅、嘴巴紅、草莓舌、身上起疹子，後續發現這些小朋友都有不等程度的冠狀動脈擴大，這就是我們現今知道的川崎氏症。川崎氏症

是一種原因不太清楚的血管發炎，常常發生在年紀比較小的小朋友，除了發燒之外，也有許多特別的表現。川崎氏症需要靠時間觀察疾病的進程。有時候，6 個月以下或是 5 歲以上的小朋友表現會比較不典型，這時候就要針對這群孩子作進一步檢查。醫師可能會幫忙安排抽血及心臟超音波檢查，及早發現川崎氏症的病童。

川崎氏症的診斷標準

發燒 38 度持續 5 天以上，及五大症狀，包含其中四項：

- 嘴唇或口腔黏膜異常，如：草莓舌、嘴唇乾裂。
- 雙側結膜炎。
- 頸部淋巴結腫大（>1.5 公分）。
- 四肢手掌與腳掌水腫，手指及腳趾脫皮。
- 多型性皮膚皮疹。另外，臺灣小孩因為有打卡介苗，可能在接種處會出現皮膚紅腫。

川崎氏症的治療原則

一旦確定為川崎氏症，目前兒科醫學會建議單一次免疫球蛋白注射治療，以及口服阿斯匹靈藥物治療 6 ～ 8 週。出院後要規則每半年追蹤心臟超音波檢查。

川崎氏症如果沒有及時發現，有可能會產生動脈瘤、或是其他心臟、關節疾病。所幸現在臺灣的兒科醫師對這個疾病已經非常了解，通常只要及早發現疾病並妥善治療就可以大幅降

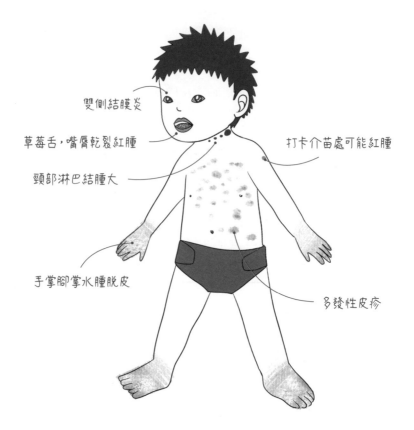

雙側結膜炎

草莓舌，嘴唇乾裂紅腫

頸部淋巴結腫大

打卡介苗處可能紅腫

手掌腳掌水腫脫皮

多發性皮疹

低後續產生後遺症的機會。

小提醒：川崎氏症

1. 在接受免疫球蛋白後，施打疫苗會使得疫苗效果不佳。

2. 目前建議活性減毒疫苗施打時間必須在使用免疫球蛋白治療後 的 11 個月後。

（附註：活性減毒疫苗例如水痘疫苗、麻疹腮腺炎德國麻疹疫苗）

✦ 過敏性紫斑症

2 歲的弟弟因為肚子痛來醫院就診，仔細聽了腹部腸音正常，但看了小腿發現有許多大小不一的紅紫色斑點。媽媽表示上上週有中耳炎發燒吃過抗生素治療。醫生說，弟弟不是得了血液疾病，而是兒科偶爾會見到的過敏性紫斑症。

過敏性紫斑症跟川崎症一樣，是個因為免疫功能異常造成的血管發炎問題。這個血管發炎的地方，常常發生在剛剛案例的地方：下肢的皮膚紫斑，腹部（造成腹痛），腎臟（造成血尿或蛋白尿），或是關節疼痛。

雖然影響的地方很多，但這其實是兒科相對常見的風濕免疫問題，大多預後不錯，只有少數會留下腎臟疾病的後遺症。治療過敏性紫斑症以消炎止痛藥和類固醇為主。配合醫囑，大多數小朋友都會痊癒。

> **CHECK**
>
> **小提醒：發燒不一定是感染！**
> 寶寶發燒，除了常見的感染之外，也要小心其他類問題，例如今天提到的川崎氏症、紫斑症。如果久燒不退，要帶去給醫師評估，必要時需要轉診至血液腫瘤科或風濕免疫科排除其他較少見的發炎疾病喔！

過敏來了怎知道？
談過敏疾病與預防

「我的孩子時常打噴嚏，是不是有過敏體質呢？」「可不可以幫我的孩子驗過敏原？」等是在門診常見的各種疑問。其實孩子是否有過敏體質可從過去的情形之中尋找蛛絲馬跡喔！

✦ 過敏進行曲

過敏症常隨年齡變化而以不同疾病型態表現。在嬰兒時期會以食物過敏與異位性皮膚炎表現；隨者年齡成長，3、4歲則以氣喘、過敏性鼻炎的形式出現。此外，研究顯示早期的食物過敏產生與異位性皮膚炎的嚴重度，會增加之後氣喘與過敏性鼻炎出現的機會。

兒童過敏症的比例近數十年逐漸增加，根據臺灣資料統計，嬰兒時期常見的過敏疾病—異位性皮膚炎，臺灣的盛行

率約在 10% 左右。而長大後的氣喘與過敏性鼻炎更多，約佔
20% 與 50%。

過敏三部曲

嬰兒時期	2 歲至 4 歲	4 歲以上
腸胃道症狀 **異位性皮膚炎** 過敏以皮膚濕疹及食物過敏（如嘔吐、脹氣、便祕）呈現。	**過敏性鼻炎** 過敏表現以上呼吸道為主，如鼻炎結膜炎等。	**氣喘** 下呼吸道的過敏表現逐漸明顯。

CHECK

小提醒：如何知道寶寶有沒有過敏的體質呢？

臺灣過敏氣喘暨臨床免疫醫學會提供「家族過敏指數測試」
（Family Allergy Score），藉由輸入家人的過敏相關症狀頻率，
即可評估寶寶未來過敏的風險喔！

網址：https：//www.taaaci.org.tw/2018nallergy02_2.asp

✦ 導致過敏的因素有哪些？

原因主要為體質與環境兩大因素。體質與家族遺傳的基因

有關，因此父母、家族成員有相關過敏病史的孩子有較高機會產生過敏性疾病，雙親其一有過敏，小孩約有 1/3 的過敏機會，而雙親都有過敏，小孩則高達 2/3 都有過敏的可能性喔！

而環境則包括接觸來自食物的過敏原（如肉類、海鮮、牛奶製品、蛋白）、吸入性過敏原（如塵蟎、毛屑、花粉）以及人工製品（如二手菸、空氣汙染、塑化劑等）等。

現代的環境由於過度清潔、長期接觸加工食品、環境賀爾蒙、菸害的緣故，使得過敏的疾病越來越多。

✦ 敏感的呼吸道，過敏性鼻炎和氣喘

前面提過，過敏疾病跟年齡相關，大部分的過敏性鼻炎跟氣喘發生在 1 歲以後，但隨著環境變遷，越來越多人產生「敏感的呼吸道」，比如到了換季、接觸塵蟎的寶寶，鼻道分泌物增加、常常打噴嚏或著漫長的咳嗽，都有可能是過敏症狀，如果改善環境後寶寶仍有症狀，還是建議給兒科醫師評估看看。

✦ 過敏疾病的預防

1. 過敏疾病的預防首重避免暴露於誘發因子。因此爸爸媽媽們須特別留意寶寶的食物選取，避免接觸吸入性過敏原與人工製品，最最最重要就是杜絕菸品的刺激；另外，這類孩子也對環境變化十分敏感，需注意天氣冷熱變化

與避免刺激物之接觸喔！

2. 皮膚照護方面，若注意到高風險過敏寶寶有皮膚乾燥的狀況，可使用乳液等保濕劑。尤其在洗澡後皮膚易乾燥時務必使用，可有效降低異位性皮膚炎的發生。乳液建議選擇不含酒精、無香、素材單純。

3. 飲食方面，從小哺餵純母奶（至少 4 個月以上）被證實可以降低異位性皮膚炎的發生；嘗試使用部分水解奶粉也在部份的大型研究中顯示對於過敏性疾病的預防有幫助，可做為母乳外的另一考量。此外，要注意寶寶開始使用副食品的最佳時間是在 4 ～ 6 個月，太早或太晚有可能會讓過敏更容易發生喔！而羊奶、豆奶經過德國大型研究，都沒有特別減少過敏疾病的機會。

4. 懷孕的準媽媽跟哺乳的媽媽目前建議是不需要特別避免高過敏的食材，但盡量飲食均衡，不要一次使用過量的高過敏食物喔！

CHECK
小提醒
市面上有些益生菌或維他命 D 會標榜對過敏疾病的預防或輔助治療有幫助。因目前研究上還沒有強力證據支持，若要使用，父母可將它們視為健康食品，或許對您的寶寶就有幫助喔！

✦ 過敏原檢測何時適合做呢？

有些父母會很想知道寶寶對什麼東西過敏而想驗寶寶過敏原，這邊跟家長們說明。

現在的過敏原檢測較少使用皮膚測試，而是以抽血檢測血液中 IgE 抗體量為主。IgE 抗體是在接觸過敏原之後身體才會產生，若孩子年紀還太小，則可能與過敏原接觸還太少導致有些過敏項目檢測測不出來（即偽陰性）。

因此，醫師通常會建議 2 ～ 3 歲以上疑似過敏的孩童，或是寶寶具有嚴重異位性皮膚炎時才進行檢測，否則測出的結果容易失準喔！

✦ 若寶寶的過敏已經被誘發，在照顧上須注意

1. 避免暴露於誘發因子，並且可多注意那些常見因子（如食物的蛋、堅果、海鮮，環境中的塵蟎、花粉、動物毛屑等）是否和急性發作相關。

2. 每天至少使用乳液、乳霜、凡士林等保濕產品 2 ～ 3 次，洗澡後務必使用。

3. 洗澡時水溫不要太高，避免保護皮膚的水脂層被洗掉。

4. 若處於發作的急性期（皮膚紅、腫、滲液等），建議就診依照醫師開立的處方進行治療。

寶寶心裡苦，寶寶用藥須知

寶寶生病了，爸媽帶去給醫師評估後往往會拿到許多大大小小的藥粉或藥水。對於只會喝奶或剛開始吃副食品的寶寶來說，餵藥是一件困擾眾多照顧者的難題！這邊來給大家一些正確的用藥觀念，讓照顧的人不會無所適從！

✦ 兒科的藥物種類？

兒科藥物種類與成人還是有許多差別存在。嬰兒因為吞嚥功能尚未完全成熟，因此給予藥物的形式以藥粉或藥水為主。

1. 兒童專用製劑（水劑）

因為劑量的關係及餵食的方便，兒童藥品的使用應以專用製劑為優先（如溶液、糖漿、懸液劑）。醫師開立的

藥水中，許多會含糖味來掩蓋掉小孩子不喜歡的藥味，家長也容易餵食。

2. **磨粉分包之藥品**

嬰兒體重輕，許多藥物沒特別針對兒科研發兒童專用製劑，這時候就會需要使用成人的藥物，並依據寶寶的體重來做調整。磨粉分包藥品也是診所常常開立之藥物。磨粉之藥物，泡水即可服用，餵食也方便。

3. **塞劑**

另一種常見兒科藥物就是退燒塞劑了！寶寶發燒又不肯吃退燒藥，這時候除了物理降溫外，退燒塞劑也是一個好選擇！

4. **吸入性藥物**

寶寶在感冒之後，如果有些家庭自備居家噴霧器，醫師可能會開立化痰藥及支氣管擴張劑讓家長能在家中給予寶寶噴霧治療，緩解症狀。另外，生理食鹽水噴霧治療對於呼吸道的黏稠分泌物也會有改善的效果喔！

5. **針劑**

如果餵食有困難，或是重症的病童無法服用藥物，醫師也會開立針劑藥物使用，這時候就需要建立靜脈注射導管並住院治療了！

小提醒

兒科藥物種類繁多，包含藥水、藥粉、塞劑、或是吸入性蒸氣或針劑。上述這些藥物因為小孩的體重不同都需要做適當調整。用藥前要注意藥單上的劑量，避免不足或過量喔！

如何餵藥呢？寶寶用藥原則一次說給你聽

1. 餵藥前仔細看看藥袋上的劑量與用法，一天使用的次數與使用時間（餐前或餐後）。

2. 餵藥時溫柔地抱著寶寶，避免平躺以免嗆咳。也可以使用餵藥工具（如針筒或市售的嬰兒餵藥器），對應好該餵食的藥物劑量。另外，不要伸入口腔太深，以免誘發嘔吐反應。

3. 磨粉分包之藥品使用冷開水溶解，並攪拌均勻。另外較小之嬰兒也可以使用少量配方奶溶解藥粉或搭配藥水一起服用。不建議把藥物加在整瓶配方奶中，以免配方奶沒喝完造成藥物劑量不足。此外，較大的小朋友若害怕藥物苦味，也可以加在糖水中一起服用，不可加在葡萄柚汁或茶類飲料中，造成藥物交互作用。

4. 若寶寶不肯張口，不要強制灌藥，以免藥物嗆入呼吸道或日後抗拒吃藥。等寶寶在飢餓狀況下，自然會張口喝奶及服藥。

5. 服用藥物後以 30 分鐘為準，如果在 30 分鐘以內大量嘔吐，就要再補服一劑。

6. 給藥時要同時安撫寶寶，維持良好的餵藥環境。

✦ 肛門塞劑怎麼使用？

使用肛門塞劑前可先用凡士林或嬰兒油潤滑避免寶寶受傷。給予塞劑之後，需將屁股用手指捏緊約 2 ～ 3 分鐘，以免藥物排出體外。

✦ 藥品開封了可以放多久，要冰冰箱嗎？

醫師開立的藥品依照品項不同有不同的保存方式：

1. 未開封使用的藥品或藥水室溫保存即可。

2. 懸液用粉劑第一次使用前應依照使用指示加入冷開水混合均勻，給藥前混合搖勻以確保劑量正確。

3. 開封後的藥品或藥水應依照指示冷藏或室溫保存，除特別指示，開封藥水以 1 個月為限，超過時間建議丟棄。

4. 磨粉之藥物因為保存較不易及容易受潮之關係，以當次門診吃完為主，不建議長期保存。

5. 兒童皮膚用藥的部分若是條裝以 3 個月為限，盒分裝的則以 1 個月為限。

類固醇、抗生素好可怕，
什麼時候要用呢？

　　什麼時候要使用類固醇和抗生素呢？這個是許多照顧者非常擔心的問題，而且也是醫生在看病人時反覆在思考的問題。什麼時候要用上該用的武器呢？這邊我們簡單來介紹一下吧！

什麼是類固醇？

　　類固醇全名又叫腎上腺皮質醇。類固醇是一種非常有效的消炎藥，因為它幾乎是從源頭開始把下游的發炎反應都抑制掉，所以對於較為棘手或是發炎嚴重的狀況醫生常常會開立此藥物來使用。早期在醫藥不足的時候，曾被稱之為美國仙丹。但是減少發炎也可能降低原有的免疫反應而造成感染加劇，而類固醇本身亦有造成胃炎、胃食道逆流的可能性，必須謹慎小心的使用，而如果長期用一段時間後也須遵從醫囑慢慢減量，才不會造成原有的內分泌失調而形成免疫風暴。

✦ 醫生什麼狀況會開給寶寶類固醇呢？

　　藥物的選擇會依據病人當下的狀況來給予。在小嬰兒中，比較常見的狀況是使用在哮吼時（因為喉頭嚴重水腫需要立即消炎否則會造成呼吸窘迫）或是氣喘的急性控制或長期慢性保養的選擇上都可以看到醫師開立相關的藥物。而在皮膚外用藥膏上，類固醇對於濕疹及異位性皮膚炎的控制都有很棒的效果。

　　但是在門診中，有時候家長聽到類固醇往往聞之色變。但是，短期且正確的使用類固醇，可以縮短疾病的嚴重度和病程，家長們也可以和醫師討論使用的必要性及安全性。

✦ 什麼是抗生素？

　　感冒了，一定要吃抗生素嗎？很多照顧者可能有這個迷思。但，大家可能都聽過抗生素，但實際的用途卻不慎了解。一般俗稱的抗生素則大多指的是對抗「細菌」的藥物，例如可能門診會拿到的安滅菌，優力黴素等等就是抗生素，而對於純粹病毒感染（例如單純感冒、病毒性腸胃炎）並沒有效果。抗生素的使用必須在醫生的建議下使用，療程不夠或是療程太長都可能會有抗藥性的細菌產生，有些抗生素會增加腹瀉等等情形，通常使用一段時間應再持續追蹤用藥的適應性以及需不需要調整藥物。

✦ 醫生什麼狀況會開給寶寶抗生素呢？

　　會開立抗生素，通常是醫師診斷寶寶可能有細菌感染的證據，例如肺炎、中耳炎、鼻竇炎、蜂窩性組織炎、或是泌尿道感染等等問題才會給予。如同上面所述，一般的感冒大部分都是病毒感染，使用抗生素對於病程並不見得會有立即的改善。

　　除了細菌感染之外，特別的病毒感染，也有特定的藥物治療，如對抗流感的克流感，對抗皰疹病毒的抗病毒藥物，甚至是最近的對抗新冠肺炎的藥物，也都是可以殺特定病菌的藥物。這些都是醫生在治療上的武器，能幫助寶寶們順利對抗病魔喔。

CHAPTER

4

不怕一萬只怕萬一，各種意外急救一次看懂！

俗話說的好，不怕一萬只怕萬一，我們都希望寶寶平平安安長大，但當發生任何意外的時候，又希望自己具備有足夠的知識可以幫助寶寶，這一章節主要是針對各種我們兒科醫師在兒科急診會遇到的問題，讓大家對兒童的急救有初步的認識，知識越豐富，我們越能阻止遺憾發生，讓我們一起努力吧！

可怕的嬰兒猝死症，
預防不可少

大家不知道有沒有聽過嬰兒猝死症候群呢？這是在嬰兒時期最常造成嬰兒死亡的原因。今天讓我們來聊一聊什麼是嬰兒猝死症候群吧！

什麼是嬰兒猝死症候群呢？

根據美國兒科醫學會的定義，所謂的嬰兒猝死症候群是指嬰兒時期（1 歲以下）的孩童，突然發生死亡的狀況。這種情形沒有辦法從過去病史或者是家族史預期到，而在之後的法醫相驗等過程也找不到相關的原因。

所幸，嬰兒猝死症候群並不常發生，發生的年紀大多在 2 ～ 4 個月大時達到高峰。之後隨著寶寶會翻身後猝死的機會慢慢變少。

✦ 怎麼樣避免嬰兒猝死症候群呢？

在醫學上，很多原因或假說都有被學者提出來，包括基因問題、腦部異常、父母同睡、使用電風扇、出生時頸椎受傷、或是呼吸驅動能力比較差等。但是，更多的狀況是幾乎找不到原因的。

這種狀況，在近 30 年來鼓吹禁止嬰兒趴睡後死亡率明顯大幅降低！也因此，臺灣衛福部及兒科醫學會更是疾呼嬰幼兒在 1 歲前要避免趴睡。而怎樣避免嬰兒猝死症候群呢？提供寶寶一個安全舒適的睡眠環境，可以大幅降低猝死的發生率。

下面我們來提供一些小訣竅吧：

1. **不趴睡**

   最重要！仰睡是較安全的。

2. **不同床**

   嬰兒在睡覺空間配置上建議要同室不同床，就算是雙胞胎也要分開睡，避免因壓迫造成猝死的情形。

3. **床鋪堅實**

   避免過軟造成翻身壓迫呼吸道。

4. **不使用枕頭**

   嬰兒不用枕頭就可以安穩睡著。市面上有在販售的嬰兒枕頭都是強烈建議不可使用的。

5. **床面乾淨**

   嬰兒床上不可有鬆軟物件如玩具，被蓋等。

6. **避免使用平安符或戴項鍊。**

7. **必要時可以使用奶嘴。**

8. **母乳**

   母乳哺育也是減少猝死的一項關鍵喔！

9. **照顧者健康**

   照顧者維持良好生活習慣，如不酗酒，不抽菸等，也是

   避免嬰兒猝死症候群的重要步驟。抽菸被認為是嬰兒猝

   死症的極大誘因。

嬰兒搖晃症是什麼？

嬰兒搖晃症其實是很舊的名字了，常常會被人誤會，也因此 2009 年美國兒科醫學會將這個名字改掉，現在新的名字訂為「嬰兒虐性腦傷」。

什麼是嬰兒虐性腦傷？

由於 1 歲以下的寶寶的腦部尚未發育成熟，頸部的肌肉力氣不夠，若出現成人不當的劇烈搖晃、拋接、惡意旋轉、甩耳光，可能會讓寶寶的腦部與骨骼結構產生剪力變化，而造成嚴重的腦傷。

如果抱著寶寶輕搖晃、拍嗝也會造成嗎？

其實重新定義名字，也是因為很多人會誤會搖晃嬰兒就會

造成腦傷，虐性腦傷一般都必須是惡意虐待才會出現，一般正常照顧，關愛的搖晃、抱著寶寶走路、使用車子安全座椅的搖晃感都不會造成這樣嚴重的腦傷，請不用擔心！

✦ 嬰兒虐性腦傷會有什麼症狀？

1. 寶寶可能出現嗜睡、昏迷、或是過度躁動、抽搐。
2. 持續不間斷的嘔吐。
3. 食慾大幅下降、尿液減少。
4. 檢查上可能會看凶門膨出。
5. 最典型會看到視網膜出血的情形。
6. 電腦斷層可能會看見腦水腫、腦出血、腦血腫。

✦ 要怎麼預防嬰兒虐性腦傷呢？

大部分嬰兒受虐性腦傷通常發生在嬰兒哭鬧而大人無法安撫的狀況，其實正常嬰兒也會有哭鬧無法安撫的時候，大部分醫師會建議父母確定寶寶沒有生理上的需求，在評估看看有沒有脹氣、腸絞痛等情形，有些白噪音玩具、或是音樂玩具都可以稍微分散一下寶寶注意力，照顧者如果有疲倦不堪的情況也可以稍微尋求其他照護者、或是醫師的協助喔！

切勿用力搖晃嬰兒腦部

頭部外傷的照護

寶寶一不注意,竟然從床上滾下來了!爸爸媽媽好心疼,要不要送醫呢?

要如何預防寶寶出現碰撞危機呢?

1. 4～6個月開始會翻身的寶寶,床上安裝防護層,在沙發上時要有大人陪同。

2. 梯間、遊戲室都是常見案發現場,防護墊不可少喔。

3. 造成嚴重腦出血的通常跌落高度高於 120 公分,建議床鋪勿高於此高度 。

當發生頭部撞傷該怎麼處理呢?

1. 確認受傷情況,觀察意識,正常撞傷的孩子會大哭,如

果失去意識需緊急送醫。

2. 確認頭骨完整，有無碎裂或不連續的骨面，並觀察有無開放傷口，若有撕裂傷建議就醫評估是否需要縫合。

3. 小於 1 歲的嬰兒可觀察前囟門是否膨出。

4. 如果只有瘀青，48 小時內可冰敷，一日數次（須注意用毛巾包裹避免凍傷），後可溫敷加速代謝。

5. 大部分嚴重腦出血集中在前 3 天，如果活力食慾都正常，通常就不用太擔心喔，不過如果後續出現擔心的症狀還是可以給兒科醫師評估看看。

CHECK

小提醒：出現什麼情況要緊急送醫呢？

1. 持續嘔吐。

2. 意識不清。

3. 抽搐。

4. 持續劇烈頭痛（不可以只使用止痛藥終止疼痛喔）。

5. 單側肢體無力。

6. 鼻子或耳朵流出清澈液體（暗示腦脊髓液）或血。

7. 活動力、食慾大幅下降，倦怠。

什麼都往嘴巴塞，
來談談異物誤食的處理！

　　根據統計，6 個月到 3 歲是最容易發生異物食入的時期。寶寶 6 個月大開始活動力大幅增加，抓握能力也越來越強，還很喜歡用嘴來嘗試任何事物！若懷疑寶寶吞食異物，當下我們需要注意什麼事情呢？

◆ 確認吞食異物的「種類」以及「時間點」

　　異物種類與發生時間是最重要的兩個問題。雖然寶寶吞食異物的當下大人常不在身旁，但懷疑時，仍請盡量從寶寶周遭辨別吞食異物的種類，以及告知醫師發生時間。

　　一般認為直徑 2 公分以內的鈕扣或硬幣，自行排出的機會較高；一旦超過 2 公分，就有造成食道或幽門阻塞的風險，較可能須接受內視鏡檢查。此外，常見的高危險性物品如下，其

造成腸胃道穿孔等併發症的機會較高，也幾乎都會施行內視鏡異物取出術，切記避免讓寶寶輕易拿到：

1. 電池。

2. 多個磁鐵或單一磁鐵加金屬物質。

3. 直徑大於 2 公分的錢幣，例如 5 元硬幣。

4. 尖銳物，例如大頭針、訂書針。

5. 長度大於 6 公分的物品。

若評估後如果不需要接受內視鏡治療，接下來觀察重點就在糞便有無出現異物了，一般來說，小於 2 公分的異物大多在 2 天內排出，而大於 2 公分的異物則可能較晚排出。

✦ 有無緊急就醫的症狀

若寶寶出現以下症狀，要盡快帶至急診評估：

1. 不斷流口水。

2. 持續嘔吐無法進食。

3. 呼吸困難。

4. 持續嗆咳。

5. 腹脹。

6. 精神活動力明顯減退。

7. 發燒。

8. 出血。

✦ 異物吞入處理原則

1. 如果沒有出現緊急就醫的症狀，仍建議帶至小兒腸胃科或小兒外科門診檢查。
2. 如果不是吞入上述提到的危險物質，可正常進食。
3. 絕對不可以催吐，以免造成異物梗塞或是消化道破裂甚至吸入性肺炎等。

✦ 預防勝於治療

　　要將家中細小物品、堅硬的小食物、藥品仔細收好甚至將其鎖上櫃子，除此之外清潔用品也要收好勿讓寶寶誤喝，國外過去曾發生寶寶吞入巴克球，此種物品含有極強吸力的金屬釹，一旦誤食吞入，會造成腸壁容易彼此吸附而缺血、壞死甚至穿孔而休克，近期還有新型玩具如水晶寶寶，一旦吞食後會大量吸附水分而膨脹數倍，進而造成腸阻塞，因此這類物品也要避免出現在寶寶身邊。

嗆到一定要會的哈姆立克法

寶寶開始吃副食品後，每天都好擔心會嗆到，來了解怎麼處理吧！

✦ 1 歲以下的孩子作嘔反射明顯

1. 人類發展出了作嘔反射，開始餵食副食品後這個反射會更明顯，這是保護自己的反射，不用太擔心！

2. 「作嘔」跟真正的「梗塞」不一樣，作嘔的寶寶會嘗試把食物吐出來並發出「痾」的聲音，而梗塞的寶寶常常因塞住呼吸道而發不出聲音，有時會合併臉部發青或是呼吸困難。

3. 當發出作嘔反射的時候，建議不要太緊張或直接去拍打寶寶背部，在旁邊稍作休息，等寶寶把食物安全吐出再

進行餵食。

4. 隨著寶寶成長，作嘔反射也會越來越少喔！

✦ 嬰兒主導式餵食（BLW）會不會更容易嗆到呢？

1. 6 個月開始的寶貝，坐得更穩，手指抓握力氣更好，開始進行嬰兒主導式餵食，爸媽常在診間詢問的就是主導式餵食會不會讓寶寶更容易梗塞呢？答案是「不會！」經過大型的研究，主導式餵食的方式反而讓寶寶更快學會吞嚥和咀嚼的能力。

2. 正確的坐立餵食方式可以減少作嘔反射的情形，盡量等寶寶坐穩定後再來開始主導式餵食也比較不容易嗆到喔。

3. 不論是主導式餵食還是傳統餵食，都不應該有太多干擾因子，盡量不要用手機、電視等吸引寶寶注意力，應該讓寶寶更專心於進食上，也比較不容易梗塞。

✦ 嗆到後該如何處理

1. 嗆到後第一時間，必須分別寶寶是否已經失去意識，或呼吸困難。照護者若有兩名可以一名進行施救，另一個撥打 119 專線。

2. 若寶寶已經失去意識，務必確保呼吸道暢通，進行呼氣急救及心肺復甦術，並盡速就醫。

✦✦ 嗆到後的急救方式

1. 先清除呼吸道異物。

2. 1 歲以下進行「拍背壓胸法」，將寶貝俯臥放置於成人大腿上，頭低腳高，一手扶住軀幹與脖子，一手往肩胛骨中間向下拍擊五次。然後在原地將寶貝翻為臉朝上，一樣頭低腳高，兩隻手指朝雙乳頭連線中間下方按壓五次，重複此步驟，直到異物取出。

1 歲以下

3. 1 歲以上進行「哈姆立克法」，將寶貝環抱，一隻手扶住另一隻手並壓在寶貝肚臍上方，向上推擠排出異物。

1 歲以上

How to Care for a Newborn

嬰幼兒急救密碼 心肺復甦術

嬰兒猝死症候群雖然於推行仰睡之後發生率下降，但根據臺灣衛福部統計，近期嬰兒猝死症候群與嬰兒事故傷害始終位於嬰兒死因的前十名，因此建議爸爸媽媽對於嬰兒心肺復甦術的使用時機與方法還是要有基本認識。

✦ 何時要做心肺復甦術？

需要心肺復甦術（CPR）的狀況是寶寶沒有意識，「以及」沒有呼吸或幾乎沒有呼吸。

1. 如何評估意識？

大聲叫喊寶寶，並輕拍其雙肩或彈腳底刺激，觀察其是否有反應。

2. 如何評估呼吸？

用耳及臉頰靠近寶寶口鼻去感覺有沒有氣流進出，同時施救者的臉朝向寶寶胸部觀察是否有呼吸起伏。

3. 如果寶寶只失去意識但仍有呼吸，則調整寶寶姿勢為趴臥頭側的復甦姿勢，使寶寶的舌頭不會後倒擋住呼吸道，持續注意呼吸狀況並趕緊送醫。

✦ 如何做心肺復甦術？

我們同時將以上評估方式融入嬰兒心肺復甦術流程中。謹記流程口訣：叫→叫→ C → A → B：

1. 叫：叫寶寶。

   I. 確認寶寶無反應或沒有呼吸。

2. 叫：叫別人幫忙。

   I. 尋求他人協助或撥打 119。

II. 如果附近有自動體外去顫器（AED），請他人協助取得。

III. 如果只有一個人時，請先往下做五個循環的 CPR，再打 119 求援。

3. C：Compressions，壓胸。

I. 壓的位置：用單手食指中指兩指兩個乳頭連線中央點的下方處。

II. 壓的深度：胸廓前後徑的 1/3。

III. 壓的速度：每分鐘 100～120 下（每秒約 2 下），但注意按壓後要等胸部回彈再繼續壓，且要避免中斷時間超過 10 秒。

IV. 壓胸口訣：用力壓、快快壓、胸回彈、莫中斷。

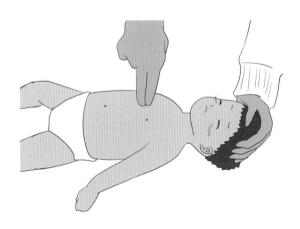

4. A：Airway，打開呼吸道。

   I. 採用壓額提下巴法，如下圖。

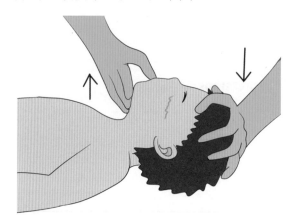

5. B： Breathing，人工呼吸。

   I. 以口對口（捏住寶寶鼻子），或以口罩住寶寶口鼻
      方式吹氣。

   II. 吹 2 口氣，每口氣 1 秒鐘，須見到寶寶胸部起伏。

   III. 若無胸部起伏則檢查是否確實將口罩住口鼻、是否
       確實打開呼吸道、寶寶口部是否有異物。

6. C → A → B 循環。

I. 在場只有一位成人施救：重複 30：2（壓 30 下，吹 2 口氣）的胸部按壓與人工呼吸。

II. 兩位以上施救者：重複 15：2 的胸部按壓與人工呼吸。

III. 持續執行直到寶寶會動或是救護人員到達。

CHECK

自動體外去顫器（AED）是什麼？

自動體外去顫器是目前常在各種公共場合（圖書館、遊樂場、百貨公司等）常備的重要急救設備，可指導急救步驟、分析心律、並適時提供電擊。少數寶寶急救的原因來自於心律不整，若可取得 AED，則盡速取得並依儀器指示，將貼片貼上分析並操作。需注意的是，並非所有 AED 皆配有兒童電擊貼片，若無法取得則可使用成人 AED 替代。

燒燙傷怎麼辦？

✦ 燒燙傷的預防

　　家中最常發生燒燙傷的地點為浴室、餐廳與廚房。最根本的預防方式是減少寶寶非預期進入這些地方。當寶寶活動力增強開始在家裡趴趴走後，可設置格柵避免寶寶進入這些區域。

　　於浴室洗澡時，要特別注意：

1. 不可單獨留寶寶在浴室。

2. 若熱水器可以控溫，可將水溫設定在 42 度以下；若無控溫裝置，則務必先放冷水再放熱水。

3. 寶寶進入浴盆前需先試過水溫。

4. 當寶寶於浴盆中時嚴禁直接加熱水，避免浴盆位於水龍頭下。

於餐廳用餐則要避免桌巾使用，且在上熱湯、熱菜時須注意與小朋友的相對位置。

✦ 燒燙傷的處理

若寶寶已被燙傷燒傷時，以正確方法處理可以減低傷害，請爸爸媽媽務必熟悉燙傷急救五步驟「沖、脫、泡、蓋、送」原則；若傷口不大只有局部紅腫時，也建議要進行冷水沖洗的步驟。

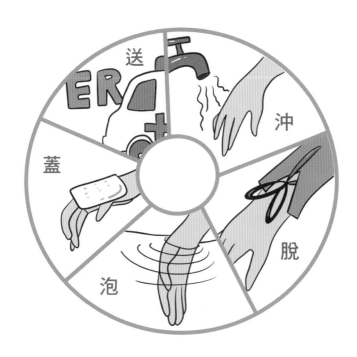

✦ 常見燒燙傷處理問題

Q 若燙傷在皮膚上產生水泡，要不要將其刺破？

A：不建議刺破。皮膚具有保護作用，將水泡弄破不但會延緩傷口恢復時間，還會增加感染的風險！

Q 長輩們使用的牙膏、醬油、醋塗抹是否可行？

A：不可以。這些東西更容易讓傷口感染，嚴重還可能導致敗血症發生。

Q 在燙傷處理時沖、泡的水溫要多少比較適合？用冰塊可以嗎？

A：水溫不要低於 8 度，更不要用冰塊。大面積燙傷的孩童更容易有失溫的情形。

How to Care for a Newborn

炎炎夏日，
寶寶中暑了？

全球暖化越來越明顯，寶寶的皮膚散熱功能又還不成熟，是容易受到熱傷害的族群，那我們該怎麼知道寶寶是否中暑以及該如何處理呢？

什麼是中暑呢？

我們生活上所稱的「中暑」其實是泛指熱導致的傷害，依嚴重程度分成三類：

1. **熱壓力**

   身體剛開始無法散熱產生的不適，寶寶可能表現食慾下降、活力下降。

2. **熱衰竭**

   熱持續累積在寶寶體內，寶寶可能出現大量出汗、嗜睡、

嘔吐、體溫上升超過 38 度未達 40 度的狀況。

3. **熱中暑**

此為最嚴重的一種熱傷害。 寶寶可能出現停止流汗、皮膚乾燥、嚴重昏迷、體溫超過 40 度的狀況。

✦ 若出現熱傷害要如何處置呢？

1. 儘速讓寶寶至陰涼處。

2. 褪去寶寶的衣物。

3. 吹風扇或搧風等物理降體溫。

4. 寶寶若還清醒可適度喝水或奶來補充水分，若已有嗜睡的意識改變等絕不可強行灌水或奶。

5. 不建議用酒精擦拭身體降溫，酒精會讓毛孔更緊縮，讓皮膚散熱功能更受影響。

6. 如果寶寶已出現疑似熱衰竭甚至熱中暑，除了上述處置以外，也要盡快送醫。

✦ 如何預防熱傷害呢？

1. 讓寶寶穿透氣通風的薄衣物即可，避免過多的包覆，也要加上遮陽帽或是嬰兒推車加上遮陽棚。

2. 避免正中午時分外出。

3. 絕對不可讓寶寶獨自在車內。

4. 準備小風扇幫助寶寶散熱。

5. 補充足夠的水分或奶。

小提醒：熱傷害使用退燒藥是否有幫助？

熱傷害導致的體溫上升，是因過度濕熱環境下導致體溫調節中樞與排汗功能失常導致，所以處置重視「物理降溫」如內文所提。而感染導致的發燒則是因體內的免疫系統產生發炎反應讓身體溫度提高。退燒藥能抑制發炎反應，因此可在感染發燒時使用，於熱傷害是沒有幫助的。

5

照護寶寶
也有小撇步？
破解常見迷思

爸爸媽媽有沒有常常聽到一些關於寶寶照護的小迷思
呢？其實我們兒科醫師在診間也常常會被詢問呢，這一
章節，我們整理了各種常被詢問的小迷思，來一併為大
家解惑，也整理了各種防曬用品、防蚊產品的使用方式，
相信可以為爸媽帶來不少有趣的育嬰小撇步！

How to Care for a Newborn

寶寶應不應該
吸奶嘴呢？

✦ 嬰兒為什麼想吸奶嘴？

　　精神分析之父佛洛伊德曾發表兒童與青少年有 5 個階段的性心理發展期，其中 0 ～ 1 歲為口腔期，此時期的寶寶透過吸吮、咀嚼、吞嚥等來滿足原始慾望，大多透過親餵母乳滿足口慾，也會喜歡吸奶嘴、手指等，不過 1 歲左右此時期是語言發展與牙齒發展的重要階段，有研究指出，適當使用奶嘴也會減少新生兒猝死的風險。

　　然而，如果過了 1 歲後仍喜歡吸奶嘴或手指，可能會導致以下的狀況：

1. 乳牙咬合不正，影響咀嚼，甚至影響日後恆牙的發展。
2. 容易蛀牙。

3. 影響語言發展。

4. 較容易有口腔的感染，更甚者會有中耳炎

✦ 何時該戒奶嘴？

一般來說可於 6 個月大就開始嘗試戒奶嘴，最晚 2 歲前要戒除，如果過了 2 歲仍沒有戒除，建議找兒童牙科醫師評估。

✦ 有什麼方法戒奶嘴呢？

1. 轉移寶寶的注意力，例如唱歌或說故事給寶寶聽、陪寶寶玩玩具等。

2. 漸進式縮短寶寶使用奶嘴的時間，例如在白天的時候不給奶嘴，逐漸到只剩晚上睡覺時給奶嘴，而當寶寶睡著後，即把奶嘴拿掉。

3. 適時獎勵，例如哭鬧當下如果成功不吸奶嘴，即給予玩具獎勵。

4. 似乎是最後的終極手段但很不建議做的是：可試著於奶嘴上塗抹寶寶不喜歡的味道，但也要注意安全喔。

牙齒照護面面觀

寶寶的乳牙於胚胎時期已開始發育，在出生前已鈣化完全，只是仍在牙床底下還未冒出，而出生後隨著寶寶長大及開始嘗試副食品，食物與牙床磨合，進一步刺激乳牙從牙床長出。

牙齒萌發雖有其時序性，但實際上長牙的時間、順序是存有個體差異的。長牙快慢一般是根據遺傳基因來決定的，並不會影響發展。大部分寶寶在 5 ～ 7 個月左右長第一顆牙齒，但也有慢至 1 歲才長第一顆牙的寶寶，因此爸爸媽媽不用太過焦慮喔！

長牙該如何照顧呢？

一開始長出的乳門牙，可用紗布巾或矽膠指套清潔，而如果乳臼齒也長出來後，就建議改用軟毛牙刷來清潔，除此之

外，寶寶一旦長了第一顆完整的牙齒，就建議要看兒童牙科檢查牙齒並塗氟喔！

長牙和什麼因素有關呢？

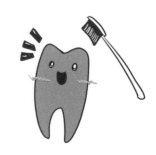

1. 與遺傳基因有關。
2. 與寶寶的身高體重有關。
3. 與寶寶的發展有關。

可透過補鈣來長牙嗎？

目前沒有證據顯示額外補充鈣片可以讓寶寶盡快長牙，主要原因是牙齒鈣化在胚胎發育時期就已鈣化完全。

長牙是不是會讓寶寶發燒、拉肚子、焦躁不安？

其實長牙的過程與發燒、拉肚子、焦躁不安等都沒有直接關聯，請一定要記得如果出現以上現象，要先想會不會是其他原因造成寶寶的不舒服。

長牙造成寶寶的不舒服

大多是因為乳牙從牙齦冒出會造成牙齦浮腫，寶寶可能一直流口水、大哭易怒、或想要啃咬硬物，此時可透過以下方法來緩解寶寶的不舒服：

1. 讓寶寶含冰奶嘴、冰湯匙、冰磨牙器或乾淨的濕毛巾。

2. 用小棉棒或冷開水擦拭初萌牙的牙冠周圍。

✦ 什麼時候還未長牙要給牙科醫師檢查呢？

　　1 歲 1 個月大後仍沒有長牙的話要給兒童牙科醫師評估，牙科醫師會檢查牙齦有無鼓鼓的，或是安排 X 光判斷是否牙齦太厚，或是有先天疾病讓寶寶先天缺牙，此時也會搭配寶寶的生長曲線以及發展來做綜合評估。

✦ 長牙後若發生牙齒撞斷怎麼辦？

　　相對於活動力強的大孩子，1 歲以下寶寶撞斷牙齒的機會較低，但仍可能發生在剛開始站立走路不穩的 1 歲時期。此時乳牙中的門齒可能已長出，若發生撞斷牙齒的狀況該怎麼處理呢？

1. 首先也是最重要的是確認寶寶的精神活力，除了傷到牙齒以外，有無傷到其他地方如頭部或口腔其他部位。

2. 將流血處加壓止血。

3. 若為牙齒破裂，則可用紗布將寶寶口部的碎屑徹底清除，避免後續發生異物吞入。

4. 若掉落的是乳牙，原則上不會進行重新植入，因為感染與失敗率都相對較高；而相對地若是孩子長大後才發生

撞斷恆齒，則須將撞掉的恆齒泡在生理食鹽水或冰鮮奶中，也可以濕毛巾包裹牙齒，以保持牙齒濕潤後儘速就醫，60 分鐘內送達才能有機會將其植回喔！

5. 就醫建議找有牙科醫師值班的醫院急診室。

如果只是撞斷部分牙齒，建議仍要安排牙科門診請牙科醫師評估，再依據斷裂深淺來做對應的治療，以免日後換牙時造成齒列不正，甚至恆牙冒不出來等問題。

日頭赤炎炎，防曬乳怎麼挑選呢？

外面天氣真好，想帶寶寶出門走走，但是寶寶需要防曬嗎？

寶寶也需要防曬！

由於寶寶的皮膚嬌嫩敏感，且汗腺尚未發育完全，比成人更容易曬傷或起疹子，所以更需要防曬喔！通常我們會建議日正當中的時間不建議帶寶貝曝曬在陽光下，且當直射陽光的時候，更需要做好物理上的遮蓋與屏蔽。

6 個月以上可以開始使用溫和的防曬乳

6 個月以前的寶貝還是以遮蓋為主，6 個月以上可以開始酌量使用防曬乳液了，建議以乳狀代替噴霧是更安全。

✦ 關於兒童使用的防曬乳原則

1. 日常生活選用「SPF10～20」,戶外活動則以「SPF30」較為理想。

2. 由於兒童皮膚較為脆弱,會建議使用物理性防曬,可選用主成分為二氧化鈦(TiO_2、Titanium dioxide)和氧化鋅(ZnO、Zinc oxide)成分

3. 不建議含有的成分:

   ● Estradiol、Estrone 及 Ethinyl estradiol,3 種雌激素成分。

   ● 二苯甲酮(Oxybenzone)成份亦可能干擾人體荷爾蒙。

   ● 防腐劑,這部分可以斟酌,少數成分有通過食藥署檢驗的可以酌量。

   ● 香料及酒精。

4. 曬太陽前 15 分鐘前使用,使肌膚貼合。

5. 不論使用何種防曬乳,均須於適當時間補擦。

6. 盡量使用可以肥皂或清水清除的溫和防曬,若有使用防水產品需卸除時,勿使用大人的卸妝乳,可以酌量使用嬰兒油卸除。

瓶罐上標示的 SPF 和 PA，分別代表什麼呢？

1. SPF 為延緩肌膚被 UVB 曬「傷」的時間倍數例如，日正當中，小明不擦防曬乳在陽光下 10 分鐘會被曬傷，若擦了 SPF50 的防曬，將可以延緩到 10X50=500 分鐘會達到一樣的曬傷程度（當然這沒有算進去防曬乳的自然脫落、流汗）。

2. PA 為延緩肌膚被曬「黑」曬「老」的時間倍數，常見於日韓系品牌（相對於歐美的 PPD）指數從 1 個＋到 4 個＋不等。

我的寶寶出外
常被蚊蟲叮得滿頭包，
該如何預防呢？

每當帶寶寶出門的時候，寶寶總是像天然的蚊子吸引機，每次總被咬得滿頭包，該怎麼辦呢？其實由於嬰幼兒的免疫系統尚未成熟，對於天然蚊蟲的防禦機制也容易有強烈的免疫現象，所以也容易因蚊蟲叮咬而紅腫發炎喔！

防蚊液怎麼選擇

1. 目前專家認可的成分有三種

防蚊物質	備註
DEET（俗稱敵避）	用於孩童，對敏感的孩子皮膚和呼吸道影響較大，DEET 濃度建議 10～30%。
picaridin（俗稱派卡瑞丁）	picaridin 味道較淡，皮膚刺激性較低，可選擇寶寶適合的濃度。
IR3535	臺灣還沒有上市

2. 沒有官方認可，但是民俗常用

防蚊物質	備註
香氛驅蚊（例如茶樹、迷迭香）	蠶豆症須避免，可能會誘發溶血
植萃精油類（例如檸檬桉）	檸檬桉類不適合用於幼童

3. 大原則

- 不要執著天然，很多天然精油都曾誘發嚴重過敏反應，且效果往往短暫而不確定。

- 若出外活動，先擦防曬再補防蚊。

- 防蚊液不可直接對臉噴灑，幼童建議大人先噴自己手上再塗抹於小孩身上。

- 除蟲菊精已被證實具有毒性，若產品裡面有請勿使用。

- 勿讓小孩自己使用防蚊液，有傷口的地方也不要使用。

✦ 蚊蟲叮咬後的常見反應

1. 皮膚炎

免疫尚未發育完全的寶貝，被叮咬後常常會有紅腫、水泡的反應，記得不要讓寶寶去抓，可以適當地做一點冰敷或是拍拍周圍皮膚轉移注意力，真的很癢不舒服可以請醫師開藥膏塗抹，請記得 2 歲以下寶貝不宜使用水楊酸類或是薄荷醇喔。

2. 血管性水腫

血管性水腫是寶寶們免疫系統還未發育完全時,被蚊蟲叮咬後產生的過敏反應,通常幾小時到一天就會腫一大包,外圍平滑紅暈,會癢而且通常沒有痛感!大部分使用抗組織胺跟外用類固醇就有很不錯的反應。

3. 蜂窩性組織炎

蜂窩性組織炎則是細菌入侵造成,常會在被咬之後 2 ～ 3 天後才出現,寶貝表現會有壓痛感,腫脹較為明顯。當無法區分的時候,還是建議就醫喔!

大片紅腫、不痛,快現快消　　　　紅腫熱痛,需就醫

血管性水腫　　　　　蜂窩性組織炎

寶寶後頸部禿一塊，以後會不會長出來？

> 先跟自己說三遍：「會長出來！會長出來！會長出來！」

1. 寶寶剛出生的時候，皮膚上會覆蓋一層胎毛，之後會逐漸脫落，進入毛髮的休止期，之後長出正常的毛髮。此現象於寶寶頭枕部最為明顯，原先認為和睡姿或摩擦有關，但近期研究不支持此說法，而只是生理性的落髮。在民間習俗上稱為姑路，俗稱姑姑可以送新鞋來幫助寶寶頭髮長回來，不過只是習俗而已，可以趁機要雙新鞋呢。

2. 這種良性的暫時性落髮通常會在 6 個月左右成長回來，不用太擔心喔。

3. 也要排除真正的病理性落髮
   - 如果出現邊際明顯如錢幣狀的落髮，也要排除免疫造成的圓禿，俗稱鬼剃頭。
   - 如果出現帶狀或是明顯傷口，要注意有無頭飾、髮帶過緊造成
   - 發炎的頭皮皮膚也會影響到毛髮生長，如果有出現泛紅、發炎、化膿、紅腫務必帶給醫生看看喔！

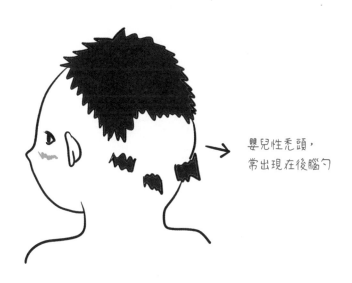

嬰兒性禿頭，
常出現在後腦勺

How to Care for a Newborn

提早站起來怎麼辦？
一定要逼寶寶爬行嗎？

✦ 提早站起來沒關係！

雖然說人類的發展是由躺著、翻身、爬行、站立、行走，但部分孩子可能發展較為快速，已經可以用自己肌肉站起來，通常能做到這一步驟的，肌力跟骨骼的發展都還不錯。這時候請不用過度緊張，但要開始注意家中的家具擺放跟環境是否適合寶貝行走。

✦ 寶寶可能有點 〇 字腿，不見得跟站立有關

寶寶在媽媽肚子裡的時候，由於子宮環境腿的形狀會帶點 〇 字，1 歲左右站時會比較明顯，但 2 歲左右會慢慢恢復正常，四歲左右因為鐘擺效應可能會有點 X 型腿，4 到 6 歲左右會回

歸正常，要注意的是寶寶會不會偏一邊站立、長短腿，或是容易跌倒。

✦ 也不要太早催促寶寶站

人類的發展大部分是自然而然，太早「望子成龍」反而可能造成傷害，在寶貝能走路的時候強迫爬行，在寶貝只能爬行時強迫站立，都有可能讓骨骼肌肉受傷。但要注意發展的情況，如果到一歲都還沒有扶著站立，一定要帶給兒科醫師評估一下喔！

✦ 不建議使用學步車

目前在兒科醫學會的共識是不建議使用學步車的！過早使用學步車容易影響到寶寶的骨骼發育，同時也會增加意外的風險喔！

寶寶可以 泡溫泉嗎？

寒冷的冬日能泡上舒爽的溫泉好不快活，不過成人泡湯都有許多限制了，如不宜泡超過心臟的高度，以及不宜泡太久等，那試問寶寶能泡溫泉嗎？

2 歲以下寶寶不建議泡溫泉

寶寶皮膚角質層尚未成熟，對溫度的適應能力較差，要直到 2～3 歲其角質層功能才如同大人。因此若太早讓寶寶皮膚接觸高熱的溫泉水可能有燙傷疑慮。此外，寶寶皮膚的對外防禦功能也較不足，一旦水質不佳含有致病菌時，皮膚可能產生毛囊炎等感染症狀。因此許多皮膚科專家都不太建議 2～3 歲以下的寶寶泡溫泉。

除年齡外，有以下狀況也是非常不建議泡溫泉的：

1. 寶寶皮膚狀態不穩定，如異位性皮膚炎、反覆接觸性皮膚炎等。

2. 寶寶皮膚有傷口。

3. 寶寶有傳染性疾病或是心血管疾病，如先天性心臟病等。

想短暫泡一下溫泉可以嗎？

小孩如果真的想嘗試泡溫泉，請一定要注意下列事項：

1. 不建議泡超過 5 分鐘。

2. 環境盡可能要清潔乾淨，水盡量保持流動。

3. 除了碳酸泉對皮膚較不刺激，其他種的溫泉可能都會對皮膚刺激性較大。

4. 不建議泡超過 40 度以上的溫泉。

5. 要注意環境安全，不讓跌倒意外產生。

How to Care for a Newborn

寶寶睡覺常打呼正常嗎？
鼻子呼嚕呼嚕怎麼辦？

　　寶寶從醫院回家後，開始與照顧者朝夕相處後，最讓大家煩惱的就是睡眠問題了。除了睡眠時間長短外，有時候寶寶睡著時喉頭和鼻子總是呼嚕呼嚕叫，是感冒了嗎？這邊來解答各位照顧者的疑問。

寶寶為什麼會呼嚕呼嚕呢？

　　嬰兒因為構造發育不完全，從鼻腔，往下到喉頭氣管等，和大人比較起來較為狹窄及較軟。而現今都市化社會，我們的空氣中往往有許多細小的灰塵存在，這些都會刺激小嬰兒的黏膜，造成黏膜較腫脹，或是形成分泌物等，而在鼻腔中就是我們肉眼可以看到的鼻屎了！小小的鼻孔，又有鼻屎來作亂，難怪鼻子總是鼻塞聲不斷，甚至有打呼或是張嘴睡覺的狀況發生。

✦ 寶寶鼻塞怎麼處理呢？

1. 使用沾濕的棉花棒，小心的把鼻腔中的鼻屎清除，可以改善小嬰兒睡著鼻塞的情形。

2. 如果鼻涕太多時，也可以視狀況使用吸鼻器清理鼻孔。

3. 也可以使用空氣清淨機改善家中空氣環境。

✦ 寶寶呼嚕呼嚕怎麼辦呢？

　　大部分的寶寶睡著時有呼嚕呼嚕聲都是暫時的現象，隨著寶寶逐漸長大，構造逐漸成熟，呼吸聲會變小許多。然而有些異常的呼吸聲，例如喉頭軟化、細支氣管炎、異物吸入等，會在睡覺時，甚至清醒時吸氣有類似喘鳴聲出現，這些都需要兒科醫師的判斷才能完全排除。因此若是寶寶除了呼吸雜音外合併其他症狀如生長不佳、呼吸窘迫（呼吸急促、呼吸時會點頭、肋骨間凹陷）、發燒等症狀，仍建議請醫師進一步評估。

　　如果兒科醫師排除軟喉症或是嚴重上呼吸道感染造成的呼吸聲異常，而小朋友又吃好睡好，體重達標的話，爸媽都可以放心再繼續觀察喔！

✦ 鼻屎、鼻涕需要清潔嗎？

　　若寶寶呼吸有雜音但不至於影響活動、飲食、與睡眠，這

時寶寶鼻屎、鼻涕清潔的必要性不高，常是為了外觀整潔問題而處理。若分泌物已經在非常外側，小心使用棉棒移除，或沾少量生理食鹽水是可以的，須避免深入鼻腔以避免造成傷害。

CHECK
小提醒：吸鼻器是否有幫助呢？
這對寶寶來說不是必要的選項。但在症狀嚴重的時候，可以「暫時治標」緩和寶寶的不適，並無法加速症狀的復原。使用前請先濕潤寶寶的鼻腔（可利用洗澡之後），效果會更好！

肛門口有塊小息肉，
需要處理嗎？

幫小寶寶換尿布時，常常會有眼尖的爸媽發現，小寶貝的肛門口有個小息肉，是長痔瘡了嗎？

✦ 嬰兒肛門周圍突起

其實這是很常在小嬰兒肛門口會出現的「嬰兒肛門周圍突起」構造。

造成「嬰兒肛門周圍突起」的原因，是因為局部摩擦，例如擦屁股時較大力或是排便習慣（如大便較硬）造成局部黏膜受刺激，而在肛門周圍有個小小息肉出現。嬰兒肛門周圍突起是個良性的病灶，但要注意若肛門周圍紅腫或呈現粒狀突起，須小心可能是細菌感染造成，形成毛囊炎或是癤癰，嚴重者甚至會形成瘻管，照顧者一定要多加注意喔！

嬰兒肛門周圍突起是個常見的狀況，通常配合良好生活習慣，避免大便過硬，及清潔肛門時避免太過用力，在幾個月後都會改善喔！

國家圖書館出版品預行編目資料

兒科專業醫師陪寶寶健康長大!0~1歲嬰幼兒照護全寶典/紀孝儒, 張洋銜,鄭芳渝, 鄭彥辰作.-- 初版.-- 臺北市:商周出版:英屬蓋曼群島商家庭傳媒股份有限公司城邦分公司發行, 2023.10
304面;14.8×21公分
ISBN 978-626-318-882-2(平裝)

1.CST: 育兒

428   112016227

BO0349
兒科專業醫師陪寶寶健康長大！
0~1 歲嬰幼兒照護全寶典

作　　　　者／紀孝儒、張洋銜、鄭芳渝、鄭彥辰
校　　　　對／吳琇娟
責 任 編 輯／劉羽芩
版　　　　權／吳亭儀、林易萱、顏慧儀
行 銷 業 務／周佑潔、林秀津、賴正祐、吳藝佳

總 　編 　輯／陳美靜
總 　經 　理／彭之琬
事 業 群 總 經 理／黃淑貞
發 　行 　人／何飛鵬
法 律 顧 問／臺英國際商務法律事務所　羅明通律師
出　　　　版／商周出版
　　　　　　　臺北市 104 民生東路二段 141 號 9 樓
　　　　　　　電話：(02) 2500-7008　傳真：(02) 2500-7759
　　　　　　　E-mail: bwp.service @ cite.com.tw
發 　　　　行／英屬蓋曼群島商家庭傳媒股份有限公司　城邦分公司
　　　　　　　臺北市 104 民生東路二段 141 號 2 樓
　　　　　　　讀者服務專線：0800-020-299　24 小時傳真服務：(02) 2517-0999
　　　　　　　讀者服務信箱 E-mail: cs@cite.com.tw
　　　　　　　劃撥帳號：19833503　戶名：英屬蓋曼群島商家庭傳媒股份有限公司 城邦分公司
訂 購 服 務／書虫股份有限公司客服專線：(02) 2500-7718；2500-7719
　　　　　　　服務時間：週一至週五上午 09:30-12:00；下午 13:30-17:00
　　　　　　　24 小時傳真專線：(02) 2500-1990；2500-1991
　　　　　　　劃撥帳號：19863813　戶名：書虫股份有限公司
　　　　　　　E-mail: service@readingclub.com.tw
香 港 發 行 所／城邦（香港）出版集團有限公司
　　　　　　　香港灣仔駱克道 193 號東超商業中心 1 樓
　　　　　　　E-mail: hkcite@biznetvigator.com
　　　　　　　電話：(852) 2508-6231　傳真：(852) 2578-9337
馬 新 發 行 所／城邦（馬新）出版集團
　　　　　　　Cite (M) Sdn. Bhd.
　　　　　　　41, Jalan Radin Anum, Bandar Baru Sri Petaling, 57000 Kuala Lumpur, Malaysia.
　　　　　　　電話：(603) 9057-8822　傳真：(603) 9057-6622 E-mail: cite@cite.com.my
封 面 設 計／黃宏穎
美 術 編 輯／李京蓉
製 版 印 刷／韋懋實業有限公司
經 　銷 　商／聯合發行股份有限公司
　　　　　　　新北市 231 新店區寶橋路 235 巷 6 弄 6 號 2 樓
　　　　　　　電話：(02) 2917-8022　傳真：(02) 2911-0053

■2023 年 10 月 17 日初版 1 刷
　　　　　　　　　　　　　　　　　　　　　　　　　　　　　Printed in Taiwan

定價 430 元
ISBN: 978-626-318-882-2（紙本）
版權所有・翻印必究
ISBN: 9786263188808（EPUB）

城邦讀書花園
www.cite.com.tw

104 臺北市民生東路二段 141 號 9 樓
英屬蓋曼群島商家庭傳媒股份有限公司
城邦分公司

請沿虛線對摺，謝謝！

書號：BO0349	書名：兒科專業醫師陪寶寶健康長大！ 0~1 歲嬰幼兒照護全寶典	編碼：

讀者回函卡

線上版讀者回函

感謝您購買我們出版的書籍！請費心填寫此回函卡，我們將不定期寄上城邦集團最新的出版訊息。

姓名：＿＿＿＿＿＿＿＿＿＿＿＿＿＿＿＿＿ 性別：□男 □女

生日：西元＿＿＿＿＿＿年＿＿＿＿＿＿月＿＿＿＿＿＿日

地址：＿＿＿＿＿＿＿＿＿＿＿＿＿＿＿＿＿＿＿＿＿＿＿

聯絡電話：＿＿＿＿＿＿＿＿ 傳真：＿＿＿＿＿＿＿＿

E-mail：

學歷：□ 1. 小學 □ 2. 國中 □ 3. 高中 □ 4. 大學 □ 5. 研究所以上

職業：□ 1. 學生 □ 2. 軍公教 □ 3. 服務 □ 4. 金融 □ 5. 製造 □ 6. 資訊

　　　□ 7. 傳播 □ 8. 自由業 □ 9. 農漁牧 □ 10. 家管 □ 11. 退休

　　　□ 12. 其他＿＿＿＿＿＿＿＿＿＿＿＿＿＿＿

您從何種方式得知本書消息？

　　　□ 1. 書店 □ 2. 網路 □ 3. 報紙 □ 4. 雜誌 □ 5. 廣播 □ 6. 電視

　　　□ 7. 親友推薦 □ 8. 其他＿＿＿＿＿＿＿＿＿＿

您通常以何種方式購書？

　　　□ 1. 書店 □ 2. 網路 □ 3. 傳真訂購 □ 4. 郵局劃撥 □ 5. 其他＿＿＿

您喜歡閱讀那些類別的書籍？

　　　□ 1. 財經商業 □ 2. 自然科學 □ 3. 歷史 □ 4. 法律 □ 5. 文學

　　　□ 6. 休閒旅遊 □ 7. 小說 □ 8. 人物傳記 □ 9. 生活、勵志 □ 10. 其他

對我們的建議：＿＿＿＿＿＿＿＿＿＿＿＿＿＿＿＿＿＿＿

＿＿＿＿＿＿＿＿＿＿＿＿＿＿＿＿＿＿＿＿＿＿＿＿＿＿＿

＿＿＿＿＿＿＿＿＿＿＿＿＿＿＿＿＿＿＿＿＿＿＿＿＿＿＿